5

Wir kennen Geld, Zeit, Gewicht und _____,
dafür wollen wir uns ´ne Medaille umhängen.

510 + 30
80 + 80
50 + 70
90 + 60
520 + 40
60 + 60

6

Beim Zeichnen, Spiegeln oder ________
lassen wir immer Sorgfalt walten.

200 − 70
490 − 50
600 − 60
800 − 30
580 − 20
180 − 60

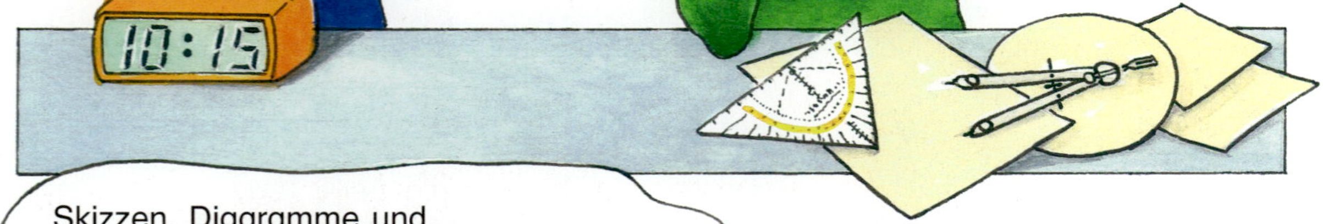

7

Skizzen, Diagramme und ________
helfen uns, Fermi-Aufgaben zu erhellen.

470 + 300
240 + 200
130 + 700
360 + 200
640 − 100
940 − 400
860 − 300
720 − 600

8

Ob sie möglich, unmöglich oder _____ sind,
entscheiden wir für Ereignisse ganz geschwind.

60 + 340 − 30
20 + 180 − 90
50 + 450 − 80
40 + 660 − 20
70 + 530 − 40
30 + 670 − 60

110	120	130	150	160	370	420	440	540	560	640	680	770	830
I	N	F	G	Ä	S	C	A	L	E	R	H	T	B

Aufgaben rechnen und im Heft zu den Ergebnissen die Buchstaben notieren.

!

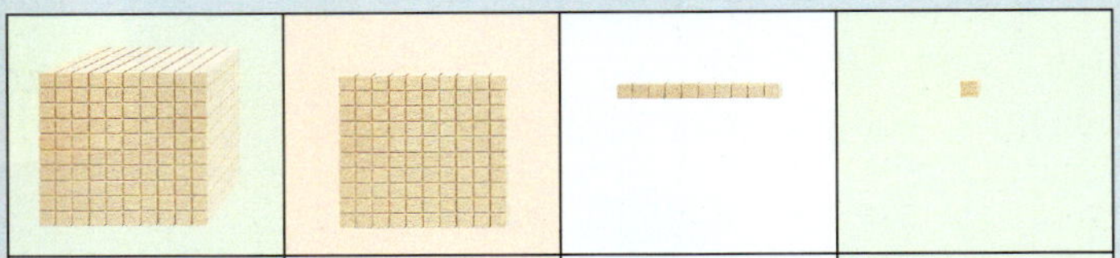

T	H	Z	E
	2	5	4
Tausender-stelle	Hunderter-stelle	Zehner-stelle	Einer-stelle

5 4 2

1 Nehmt die Ziffernkarten 7, 3 und 0.

a) Wie viele dreistellige Zahlen könnt ihr damit legen?
Schreibt sie in eine Stellentafel.

b) Worauf müsst ihr achten? Bei einer dreistelligen Zahl darf die Null nicht …

c) Wie heißt die größte Zahl? Unterstreicht sie rot.

d) Wie heißt die kleinste Zahl? Unterstreicht sie blau.

2 Lies die Zahl. Zerlege in Hunderter, Zehner und Einer.

a) 534 b) 725 c) 801 d) 180
e) 701 f) 504 g) 540 h) 57

a) 534 = 5 H + 3 Z + 4 E
534 = 500 + 30 + 4

3 Wie heißt diese Zahl?

H	Z	E
● ● ● ● ● ●	● ● ●	● ●

Wie heißt die Zahl, wenn du

a) an der Hunderterstelle ein Plättchen dazulegst?

b) an der Zehnerstelle ein Plättchen dazulegst?

c) an der Einerstelle ein Plättchen wegnimmst?

d) an der Hunderterstelle ein Plättchen wegnimmst?

4 Wie heißt die Quersumme?

H	Z	E
● ●	●	● ● ● ●

Quersumme
2 + 1 + 4 = 7

a) 214 549 178 395

b) 637 984 503 760

5 Schreibt fünf dreistellige Zahlen auf.

a) Quersumme 11 b) Quersumme 15 c) Quersumme 24

6 Welche Zahl aus dem Sack passt?

a) Wie heißt die kleinste Zahl mit der Quersumme 12?

b) Wie heißt die größte Zahl mit der Quersumme 12?

c) Wie heißt die Zahl? Sie hat die Quersumme 23. Die Ziffer an der Einerstelle ist größer als die Ziffer an der Zehnerstelle.

1

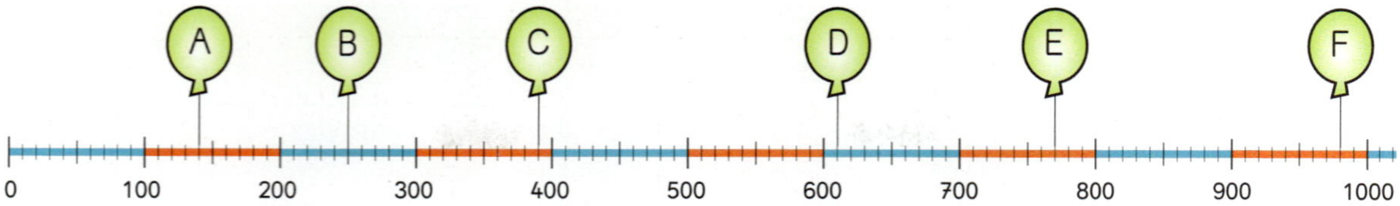

a) Von Strich zu Strich immer ______ mehr.
b) Bei welchen Zahlen stehen die Ballons?
Wie heißen die beiden Nachbarhunderter?
Ergänze wie im Beispiel.

A:		1	4	0		1	4	0	+	6	0	=	2	0	0
						1	4	0	–	4	0	=	1	0	0

2

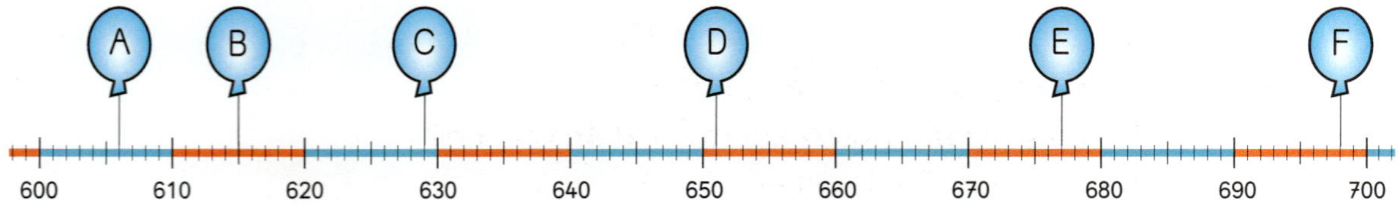

a) Von Strich zu Strich immer ______ mehr.
b) Bei welchen Zahlen stehen die Ballons?
Wie heißen die beiden Nachbarzehner?
Ergänze wie im Beispiel.

A:		6	0	6		6	0	6	+	4	=	6	1	0	
						6	0	6	–	6	=	6	0	0	

3
a) 124 + 10
124 + 1
b) 636 + 20
636 + 2
c) 361 + 30
361 + 3
d) 243 + 40
243 + 4
e) 514 + 40
514 + 4

4
a) 143 – 10
143 – 1
b) 457 – 30
457 – 3
c) 679 – 40
679 – 4
d) 268 – 50
268 – 5
e) 773 – 20
773 – 2

5 Weg vom Zehner.
a) 40 – 6
440 – 6
640 – 6
b) 70 – 5
370 – 5
770 – 5
c) 30 – 8
530 – 8
930 – 8

6 Weg vom Hunderter.
a) 100 – 3
300 – 3
700 – 3
b) 100 – 4
800 – 4
400 – 4
c) 100 – 1
900 – 1
500 – 1

7 Weg vom Hunderter.
a) 100 – 7
100 – 70
b) 800 – 2
800 – 20
c) 900 – 5
900 – 50
d) 600 – 8
600 – 80
e) 700 – 9
700 – 90
f) Finde ein weiteres Päckchen.

8
a) 100 – 5
100 – 50
100 – 55
b) 300 – 3
300 – 30
300 – 33
c) 400 – 6
400 – 60
400 – 66
d) 800 – 9
800 – 90
800 – 99
e) 1000 – 7
1000 – 70
1000 – 77
f) Finde ein weiteres Päckchen.

9
a) 100 – ___ = 20
100 – ___ = 15
b) 200 – ___ = 150
200 – ___ = 148
c) 500 – ___ = 470
500 – ___ = 463
d) 900 – ___ = 810
900 – ___ = 801

1 630 − 70

Subtrahiere 70 von 630.
630 − 70 = 560
Die Differenz ist 560.

630 − 70 = 560

630 − 30 = 600
600 − 40 = 560

Volker

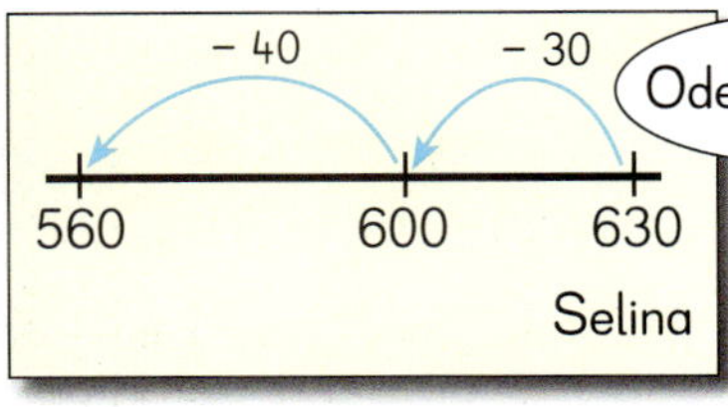

a)	b)	c)	d)	e)
640 − 80	720 − 90	810 − 30	510 − 20	930 − 60
630 − 50	750 − 70	840 − 60	630 − 40	340 − 70

2 Erst die Zehner subtrahieren (Helferaufgabe), dann noch die Einer subtrahieren.

a)	b)	c)	d)	e)
250 − 60	740 − 70	520 − 40	910 − 50	1000 − 90
250 − 65	740 − 71	520 − 42	910 − 56	1000 − 99
250 − 68	740 − 73	520 − 44	910 − 57	1000 − 98

3

a)	b)	c)	d)	e)
350 − 60	540 − 70	820 − 40	410 − 50	1000 − 10
355 − 60	541 − 70	822 − 40	416 − 50	1001 − 10
358 − 60	543 − 70	824 − 40	417 − 50	1009 − 10

4

a)	b)	c)	d)	e)
353 − 30	522 − 10	115 − 10	275 − 24	210 − 25
343 − 30	532 − 20	115 − 20	275 − 25	310 − 25
333 − 30	542 − 30	115 − 30	275 − 26	410 − 25

5 a) Schau dir jedes Päckchen in Aufgabe 4 an. Zu welcher Regel passt es?
A: Erste Zahl immer 10 weniger, zweite Zahl immer gleich. Differenz immer ....
B: Erste Zahl immer 100 mehr, zweite Zahl immer gleich. Differenz immer ....
C: Beide Zahlen immer 10 mehr. Differenz immer ....
b) Schreibe auch für die anderen Päckchen die Regel auf.

6 Jetzt wird addiert. Berechne die Summe.

a)	b)	c)	d)	e)
470 + 80	720 + 90	880 + 50	590 + 30	930 + 80
460 + 50	750 + 70	840 + 60	670 + 50	340 + 70

7 Erst die Zehner addieren (Helferaufgabe), dann noch die Einer addieren.

a)	b)	c)	d)	e)
250 + 60	740 + 70	580 + 40	860 + 80	910 + 90
250 + 65	740 + 71	580 + 42	860 + 89	910 + 96
250 + 68	740 + 73	580 + 44	860 + 83	910 + 97

8
462 + 20
452 + 30
442 + 40

a) Welche Regel passt zu dem Päckchen?
b) Ersetze das Plus-Zeichen durch ein Minus-Zeichen.
Welche Regel passt dann zu dem neuen Päckchen?
c) Was hat sich bei den Regeln verändert? Begründe.

9
345 + 100
445 + 200
545 + 300

a) Welche Regel passt zu dem Päckchen?
b) Ersetze das Plus-Zeichen durch ein Minus-Zeichen.
Welche Regel passt dann zu dem neuen Päckchen?
c) Was hat sich bei den Regeln verändert? Begründe.

1 750 − 380

750 − 380 = 370
750 − 300 = 450
450 − 80 = 370
Jakob

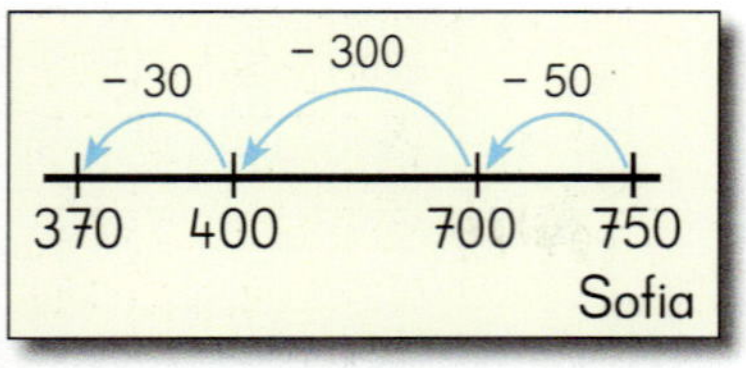

a) 740 − 370
730 − 150

b) 720 − 290
750 − 270

c) 810 − 530
840 − 570

d) 510 − 320
630 − 540

e) 930 − 760
340 − 280

60 90 170 190 270 280 370 380 430 480 580

2 Erst die Hunderter subtrahieren (Helferaufgabe), dann noch die Einer subtrahieren.

a) 250 − 100
250 − 105
250 − 108

b) 740 − 300
740 − 301
740 − 303

c) 520 − 200
520 − 202
520 − 204

d) 910 − 700
910 − 706
910 − 707

e) 990 − 900
990 − 903
990 − 909

3 Denke an die Helferaufgabe.

a) 355 − 100
358 − 102

b) 841 − 300
843 − 301

c) 422 − 200
424 − 202

d) 716 − 700
717 − 705

e) 999 − 500
998 − 508

4

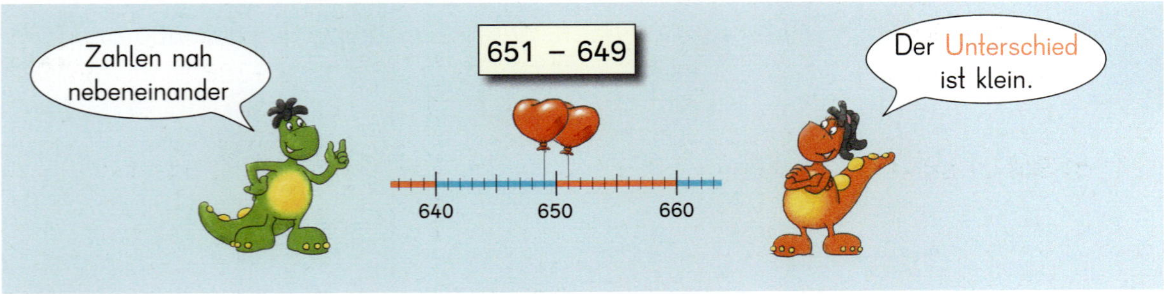

!

a) 651 − 649
652 − 648

b) 647 − 646
645 − 643

c) 661 − 658
662 − 659

d) 877 − 875
887 − 886

e) 341 − 338
391 − 389

5 Jetzt wird addiert. Berechne die Summe.

a) 470 + 280
460 + 250

b) 720 + 190
750 + 170

c) 380 + 550
340 + 560

d) 490 + 320
480 + 340

e) 280 + 610
260 + 680

610 710 750 810 820 890 900 910 920 930 940

6

a) 560 + 260
560 + 265

b) 720 + 170
720 + 173

c) 580 + 340
580 + 344

d) 310 + 590
310 + 597

e) 430 + 480
430 + 489

820 825 850 890 893 900 907 910 919 920 924

7

a) 403 + 130
603 + 130

b) 602 + 270
702 + 270

c) 310 + 105
310 + 505

d) 204 + 409
204 + 609

e) 506 + 206
506 + 406

415 533 613 643 712 733 813 815 872 912 972

8 Aufgepasst. Was rechnest du zuerst?

a) 460 + 90 − 60
780 + 60 − 80

b) 408 + 52 − 60
399 + 41 − 20

c) 720 + 201 − 101
470 + 350 − 320

400 420 490 500 600 760 820

1, 5 – 8 Selbstkontrolle durch blaue Lösungszahlen. Eine Zahl bleibt übrig.

187 + 245

Überschlag

200 + 200 = 400

H	Z	E
1	8	7
+ 2	4	5
1	1	
4	3	2

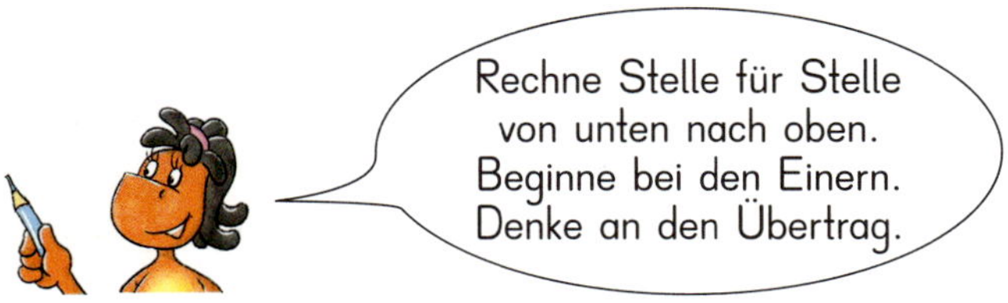

1 Stellengerecht untereinander

a) 275 + 246 b) 506 + 399
c) 328 + 277 d) 459 + 54

513 521 605 706 905

2 Aufgaben ohne Übertrag

a) 325 + 452 b) 225 + 564
c) 572 + 216 d) 426 + 153

579 621 777 788 789

3 Aufgaben mit einem Übertrag

a) 584 + 253 b) 394 + 551
c) 651 + 184 d) 467 + 324

791 835 837 915 945

4 Aufgaben mit zwei Überträgen

a) 398 + 519 b) 565 + 48
c) 573 + 288 d) 875 + 96

613 681 861 917 971

5 Nullen in den Zahlen

a) 673 + 209 b) 440 + 373
c) 804 + 177 d) 290 + 407

657 697 813 882 981

6 Nullen in den Ergebnissen

a) 428 + 192 b) 666 + 234
c) 395 + 306 d) 781 + 219

500 620 701 900 1 000

7 Überschlage. Rechne nur die Aufgaben, deren Ergebnis zwischen 600 und 700 liegt.

489 + 135

a) 489 + 135
447 + 394

b) 138 + 345
289 + 397

c) 19 + 598
512 + 67

d) 534 + 96
352 + 409

617 624 630 668 686

8 Kommazahlen addieren. Die Summe der beiden Ergebnisse ist 20 €.

a) 4,25 € + 8,22 €
4,98 € + 2,55 €

b) 3,92 € + 2,65 €
8,44 € + 4,99 €

c) 7,69 € + 1,95 €
3,77 € + 6,59 €

9 Mehr als zwei Zahlen addieren. Schreibe stellengerecht untereinander.

a) 77 + 69 + 218 b) 87 + 146 + 45 c) 62 + 121 + 57 + 118

d) Addiere die drei Ergebnisse. Die Summe ist 1 000. Überprüfe.

10 Welche Ziffern fehlen? Achte auch auf Überträge.

a)
```
   3 2 □
 + □ 4 5
 + 1 6 4
 -------
   7 □ 0
```

b)
```
   2 □ 7
 + 2 6 □
 + 4 0 8
 -------
   □ 0 9
```

c)
```
   □ 7 2
 +   □ 7
 + 2 6 □
 -------
   9 0 5
```

d)
```
   □ □ 7
 + 1 8 6
 +   5 5
 -------
   6 7 □
```

e)
```
     6 5
 + □ 4 □
 + 1 □ 8
 -------
   8 2 0
```

11 Besondere Zahlen als Ergebnisse

a) Addiere 186, 357 und 234.

b) Addiere das Doppelte von 243 zu der Zahl 513.

c) Berechne die Summe von 263, 379 und 246.

d) Erfinde selbst eine Additionsaufgabe mit einer besonderen Zahl als Ergebnis.

Schriftliches Subtrahieren

574 – 187

Überschlag

600 – 200 = 400

so:

		10	10
	5	7	4
–	1	8	7
	1	1	
	3	8	7

oder so:

	4	16	
	5	7	4
–	1	8	7
	3	8	7

	H	Z	E
	3	8	7
+	1	8	7
	1	1	
	5	7	4

1 Stellengerecht untereinander

a) 895 – 234 b) 947 – 277
c) 391 – 78 d) 622 – 91

313 331 531 661 670

2 Aufgaben ohne Übertrag

a) 777 – 444 b) 555 – 234
c) 973 – 651 d) 378 – 65

313 321 322 332 333

3 Aufgaben mit einem Übertrag
Überprüfe mit der Probe.

a) 794 – 216 b) 571 – 248
c) 632 – 118 d) 939 – 82

4 Aufgaben mit zwei Überträgen
Überprüfe mit der Probe.

a) 567 – 198 b) 843 – 688
c) 775 – 179 d) 752 – 78

5 Nullen in den Zahlen

a) 736 – 504 b) 802 – 366
c) 640 – 359 d) 900 – 178

232 281 389 436 722

6 Nullen in den Ergebnissen

a) 961 – 354 b) 799 – 392
c) 878 – 588 d) 601 – 93

290 309 407 508 607

7 In jedem Päckchen ist ein Ergebnis falsch. Welches ist es? Rechne richtig.

a) 832 – 597 = 435
536 – 394 = 142
675 – 269 = 406

b) 618 – 348 = 270
907 – 292 = 615
525 – 155 = 175

c) 612 – 589 = 23
541 – 398 = 47
734 – 677 = 57

8 Welche Ziffern fehlen? Achte auch auf Überträge.

a) 7 9 4
– 2 □ □
□ 1 1

b) 6 □ □
– □ 4 5
3 0 3

c) □ 6 0
– 7 4 □
2 □ 2

d) 5 1 4
– □ 3 □
3 □ 2

e) 4 □ 1
– □ 1 7
1 9 □

9 Kommazahlen subtrahieren. Die Differenz der beiden Ergebnisse ist 5 €.

a) 9,65 € – 3,22 €
4,72 € – 3,29 €

b) 8,25 € – 2,45 €
7,44 € – 6,64 €

c) 7,19 € – 0,86 €
8,11 € – 6,78 €

10 Schau genau hin.

a) 10,00 € – 3,22 €
10,00 € – 9,25 €

b) 5,00 € – 2,45 €
5,00 € – 4,50 €

c) 2,00 € – 0,57 €
2,00 € – 1,89 €

d) 8,00 € – 0,96 €
8,00 € – 7,29 €

11 Besondere Zahlen als Ergebnisse

a) Subtrahiere 287 von 731.

b) Berechne die Differenz von 723 und 168.

c) Berechne die Differenz von 923 und 257.

d) Erfinde selbst eine Subtraktionsaufgabe mit einer besonderen Zahl als Ergebnis.

!

Punktrechnung
Multiplizieren $\cdot$
Dividieren $:$

Strichrechnung
Addieren $+$
Subtrahieren $-$

$5 + 3 \cdot 6 = 23$ $\quad$ $6 + 8 : 2 = 10$
$5 + 18 = 23$ $\quad$ $6 + 4 = 10$

$10 - 3 \cdot 2 = 4$ $\quad$ $12 - 9 : 3 = 9$
$10 - 6 = 4$ $\quad$ $12 - 3 = 9$

1 Rechne wie im Beispiel.

a) $7 + 3 \cdot 5$ $\quad$ b) $9 + 6 : 3$ $\quad$ c) $11 - 4 \cdot 2$ $\quad$ d) $16 - 8 : 4$

2 Rechne im Kopf oder schreibe wie im Beispiel.

a) $7 + 5 \cdot 8$ $\quad$ b) $63 + 7 : 7$ $\quad$ c) $9 - 2 \cdot 4$ $\quad$ d) $64 - 8 : 2$
$7 \cdot 5 + 5$ $\quad$ $63 : 7 + 7$ $\quad$ $9 \cdot 2 - 4$ $\quad$ $64 : 8 - 2$

1 6 14 16 28 40 47 60 64

e) Finde ein eigenes Päckchen.

3 Rechne im Kopf oder schreibe wie im Beispiel.

a) $20 + 7 \cdot 40$ $\quad$ b) $180 + 60 : 3$ $\quad$ c) $80 - 7 \cdot 10$ $\quad$ d) $100 - 50 : 2$
$20 \cdot 7 + 40$ $\quad$ $180 : 60 + 3$ $\quad$ $80 \cdot 7 - 10$ $\quad$ $100 : 50 - 2$

0 2 6 10 75 180 200 300 550

4 In jedem Päckchen ist ein Ergebnis falsch. Welches ist es? Rechne richtig.

a) $7 + 7 \cdot 8 = 63$ $\quad$ b) $62 - 7 \cdot 6 = 20$ $\quad$ c) $48 : 8 - 6 = 24$ $\quad$ d) $60 - 60 : 6 = 0$
$5 \cdot 7 + 9 = 50$ $\quad$ $64 : 8 + 8 = 16$ $\quad$ $19 \cdot 2 - 3 = 35$ $\quad$ $90 : 30 + 4 = 7$
$6 \cdot 9 - 7 = 47$ $\quad$ $23 - 3 \cdot 4 = 80$ $\quad$ $16 + 8 : 2 = 20$ $\quad$ $70 - 33 \cdot 2 = 4$

5 Achte darauf: Punktrechnung vor Strichrechnung

a) $8 \cdot 20 + 7 \cdot 4$ $\quad$ b) $540 : 9 + 27 : 3$ $\quad$ c) $70 \cdot 4 + 80 : 2$ $\quad$ d) $400 : 8 + 7 \cdot 7$
$5 \cdot 70 - 6 \cdot 8$ $\quad$ $560 : 7 - 60 : 3$ $\quad$ $80 \cdot 7 - 30 : 6$ $\quad$ $300 : 5 - 9 \cdot 6$

6 9 60 69 99 188 302 320 555

e) Finde ein eigenes Päckchen.

6 Welches Rechenzeichen passt? $+$ $-$ $\cdot$ $:$

a) $30 \cdot 8 \bigcirc 60 = 300$ $\quad$ b) $50 \bigcirc 2 - 30 = 70$ $\quad$ c) $100 - 50 \bigcirc 5 = 90$
$40 \cdot 9 \bigcirc 60 = 300$ $\quad$ $80 \bigcirc 8 + 50 = 60$ $\quad$ $100 - 10 \bigcirc 5 = 50$
$10 \cdot 3 \bigcirc 10 = 300$ $\quad$ $40 \bigcirc 3 - 70 = 50$ $\quad$ $100 - 10 \bigcirc 5 = 95$

7

a) Multipliziere 7 und 9. Addiere dazu 8.

b) Addiere zu der Zahl 7 das Produkt von 9 und 8.

c) Subtrahiere von 100 das Produkt von 10 und 7.

d) Multipliziere 7 und 9. Addiere dazu das Produkt von 4 und 5.

e) Multipliziere 8 und 60. Addiere dazu das Produkt von 4 und 5.

f) Dividiere 720 durch 8. Subtrahiere davon das Produkt von 5 und 6.

1

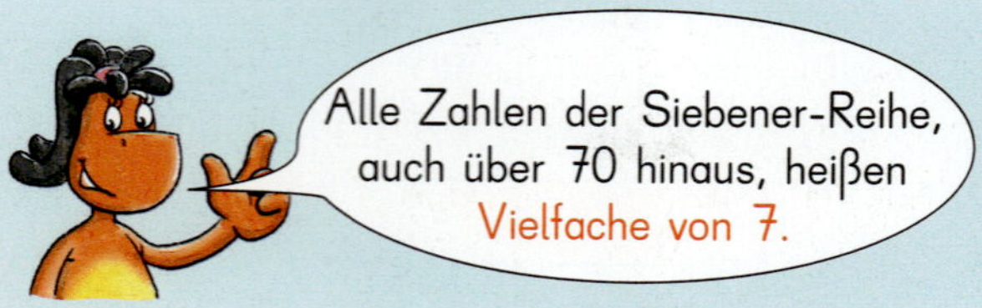

Vielfache von 7 sind
7, 14, 21, 28, 35, 42, 49, 56, 63, 70, 77, 84, ...

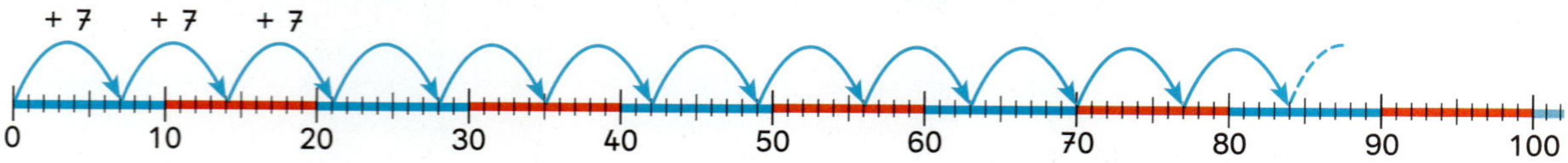

a) In der Siebener-Reihe vorwärts. Starte immer bei Null.
Schreibe die Vielfachen von 7 bis 100 auf.

b) Schreibe die Vielfachen von 7 zwischen 100 und 200 auf.
Vielfache von 7 sind 105, 112, ...

2 Nimm die Zahlen von 0 bis 100. Schreibe auf.

a) Vielfache von 4 b) Vielfache von 6 c) Vielfache von 8

3 Schau dir die Vielfachen von 4, von 6 und von 8 in Aufgabe 2 an.

a) Welche Zahlen sind sowohl Vielfache von 4 als auch von 6?

b) Welche Zahlen sind sowohl Vielfache von 6 als auch von 8?

c) Vergleiche die Vielfachen von 4 und die Vielfachen von 8. Was stimmt?

A: Alle Vielfachen von 4 sind auch Vielfache von 8.

B: Alle Vielfachen von 8 sind auch Vielfache von 4.

4 Nimm die Zahlen von 0 bis 500. Schreibe auf.

a) Vielfache von 20 b) Vielfache von 25 c) Vielfache von 50

5 Schau dir die Vielfachen von 20, von 25 und von 50 in Aufgabe 4 an.

a) Welche Zahlen sind sowohl Vielfache von 20 als auch von 50?

b) Welche Zahlen sind sowohl Vielfache von 20 als auch von 25?

c) Vergleiche die Vielfachen von 25 und die Vielfachen von 50. Was stimmt?

A: Alle Vielfachen von 50 sind auch Vielfache von 25.

B: Alle Vielfachen von 25 sind auch Vielfache von 50.

6 Wie heißen die Zahlen? Es gibt viele Möglichkeiten. Finde drei Zahlen.

a) Sie sind Vielfache von 5 und von 8.

b) Sie sind Vielfache von 8 und von 10.

c) Sie sind Vielfache von 40 und von 50.

7 Schaut euch das Zahlenmuster an.
Was fällt euch auf?

3	6	9	12	15	18	21	24	27	30
33	36	39	42	45	48	51	54	57	60
63	66	69	72	75	78	81	84	87	90

a) Es sind die Vielfachen von ___ .

b) Von Zeile zu Zeile immer ....

c) In der letzten Spalte stehen die Vielfachen von ___ .

d) Wo stehen die geraden Zahlen? Wo stehen die ungeraden Zahlen?

e) Wo stehen die Vielfachen von 6?

1 Nimm zwei der drei Ziffernkarten und bilde eine zweistellige Zahl. Berechne das Fünffache dieser Zahl. Es gibt sechs Aufgaben.

!

Das Fünffache heißt 5 mal.

5 · ☐☐

3 6 8

5 · 36 = 180
5 · 30 = 150
5 · 6 = 30

180 190 280 315 340 415 430

2 Nimm die gleichen Zifferkarten wie in Aufgabe 1. Berechne das Vierfache.

144 152 252 272 332 344 352

3
a) Verdoppele 36. Berechne davon dann das Siebenfache.
b) Verdreifache 15. Berechne davon dann das Achtfache.
c) Versechsfache 17. Berechne davon dann das Dreifache.

306 360 406 504

4 Erst die Hunderter, dann die Einer

a)	b)	c)	d)	e)
3 · 306	0 · 807	2 · 307	8 · 107	7 · 106
7 · 109	3 · 205	8 · 108	9 · 103	3 · 305

0 614 615 616 742 763 856 864 915 918 927

5 Erst die Hunderter, dann die Zehner

a)	b)	c)	d)	e)
3 · 240	3 · 280	0 · 960	6 · 130	8 · 120
3 · 330	2 · 430	4 · 150	7 · 140	5 · 140

0 600 700 720 760 780 840 860 960 980 990

6

3 · 99

a)	b)	c)	d)
3 · 99	3 · 199	99 · 6	299 · 2
7 · 99	4 · 199	99 · 5	299 · 3
9 · 99	5 · 199	99 · 8	499 · 2

297 395 495 594 597 598
693 792 796 891 897 995 998

7 Wie viel Euro kostet es?

a)
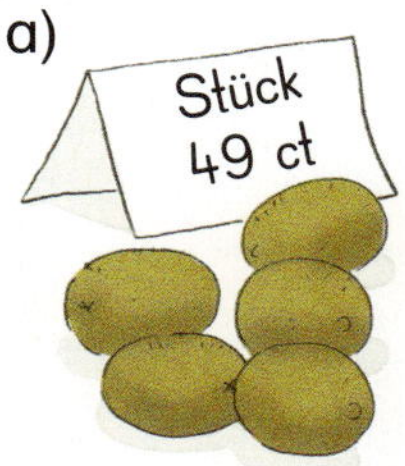

b)

c)
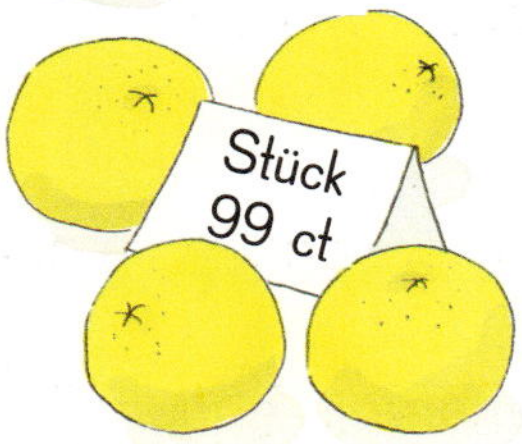

d)

e)

1 365 : 5

365 : 5 = 73
350 : 5 = 70
15 : 5 = 3
Bastian

365 : 5 = 73
300 : 5 = 60
50 : 5 = 10
15 : 5 = 3
Leonie

Wie rechnest du 285 : 5?

2 Mit welcher Zahl aus der Sechziger-Reihe beginnst du? Wähle und rechne.

a) 138 : 6 b) 372 : 6 c) 108 : 6 d) 504 : 6
e) 576 : 6 f) 198 : 6 g) 270 : 6 h) 474 : 6

60 120 180 240 300 360 420 480 540 600

3 a) 136 : 8 b) 744 : 8 c) 440 : 8 d) 304 : 8 e) 688 : 8

80 160 240 320 400 480 560 640 720 800

4 Finde erst die passende Zahl aus dem Zehner-Einmaleins. Dann rechne.

a) 140 : 5 b) 284 : 4 c) 174 : 3 d) 154 : 7 e) 594 : 9
435 : 5 212 : 4 225 : 3 378 : 7 414 : 9

22 23 28 46 53 54 58 66 71 75 87

5 Erst das Grobe. Mit welcher Aufgabe beginnst du?

a) 408 : 4 b) 618 : 6 c) 525 : 5 d) 749 : 7 e) 972 : 9
440 : 4 636 : 6 545 : 5 728 : 7 909 : 9

101 102 103 104 105 106 107 108 109 110 111

6 Auch die zweite Aufgabe im Päckchen ist leicht. Begründe.

a) 303 : 3 b) 505 : 5 c) 808 : 8 d) 606 : 6 e) 707 : 7
297 : 3 495 : 5 792 : 8 594 : 6 693 : 7

7 a) Berechne jeweils den vierten Teil der Zahl.

100 200 300 400 500

Der vierte Teil heißt immer durch 4.

b) Vergleiche die Zahlen und die Ergebnisse. Was fällt dir auf?
Die Zahlen werden immer ……, die Ergebnisse immer …….

c) Kannst du noch fünf Aufgaben rechnen?

8 a) Berechne jeweils den achten Teil der Zahl.

200 400 600 800 1 000

b) Vergleiche die Zahlen und die Ergebnisse. Was fällt dir auf?
Die Zahlen werden immer ……, die Ergebnisse immer …….

9 Berechne erst den fünften Teil der Zahl, dann vom Ergebnis die Hälfte.
Was fällt dir auf?

150 250 450 550 700 800 900

Dividieren mit Rest

1 Bei diesen Aufgaben bleibt ein Rest.

39 : 8 = 4 Rest 7

a) 39 : 8
28 : 8

b) 55 : 9
77 : 9

c) 60 : 7
48 : 7

d) 18 : 4
33 : 4

2

190 : 8 = 23 Rest 6
160 : 8 = 20
30 : 8 = 3 Rest 6

a) 190 : 8
250 : 8

b) 111 : 5
267 : 5

c) 307 : 6
251 : 6

22 R 1 23 R 6 31 R 2 41 R 5 43 R 1 51 R 1 53 R 2

3

a) Dividiere durch 2. Welche Reste können bleiben?
b) Wie heißt die Regel?
Eine Zahl ist ohne Rest durch 2 teilbar, wenn ....

Rest 0	Rest 1
16 : 2 = 8	13 : 2 = 6 R 1

4 Gleiche Wäscheleine wie in Aufgabe 3.
a) Dividiere durch 5. Welche Reste können bleiben?
b) Wie heißt die Regel?
Eine Zahl ist ohne Rest durch 5 teilbar, wenn ....

5 Dividiert durch 5. Findet für jeden Rest zwei eigene Aufgaben.

6 Dividiert durch 10. Welche Reste können bleiben?
a) Findet für jeden Rest eine Aufgabe.
b) Wann ist eine Zahl ohne Rest durch 10 teilbar? Findet eine Regel. Begründet.

7

a) Dividiere durch 70. Die Reste sind immer verschieden.
b) Dividiere durch 80. Bei einer Zahl bleibt kein Rest.
c) Dividiere durch 90. Was fällt dir an den Resten auf?
d) Es bleibt niemals ein Rest. Durch welche Zehnerzahl wurde dividiert? Es gibt mehrere Möglichkeiten. Begründe.

8

Die Zahlen, durch die man 15 ohne Rest teilen kann, heißen Teiler von 15.
15 hat vier Teiler: 1, 3, 5, 15

Teiler von 15
15 : 1 = 15
15 : 3 = 5
15 : 5 = 3
15 : 15 = 1

Schreibe die Teiler der Zahl auf: a) 12 b) 18 c) 24 d) 28 e) 50

9 a) Welche dieser Zahlen haben drei Teiler? Welche haben vier Teiler?

4 6 8 9 10 15 21 25 35 49

b) Begründet.

10 Findet eine Zahl mit mehr als sechs Teilern.

Nach dieser Seite empfiehlt sich Diagnosetest D1.

1

Wähle eine ZAHL zwischen 10 und 20.

- Nimm das Zehnfache deiner ZAHL.
- Subtrahiere 80.
- Streiche die letzte Ziffer weg.
- Addiere 25.
- Subtrahiere deine ZAHL.

Das Ergebnis deiner Rechnung findest du im Diamanten!

$10 \cdot 15 = 150$
$150 - 80 = 70$
$7 + 25 = 32$
$32 - 15 = 17$

2

Wähle eine ZAHL zwischen 10 und 20.

- Nimm das Fünffache deiner ZAHL.
- Addiere 85.
- Verdopple das Ergebnis.
- Nimm davon den zehnten Teil.
- Subtrahiere deine ZAHL.

Schaue in den Diamanten!

3

Wähle eine ZAHL zwischen 10 und 20.

- Nimm das Sechsfache deiner ZAHL.
- Addiere 102.
- Halbiere das Ergebnis.
- Nimm davon den dritten Teil.
- Subtrahiere deine ZAHL.

Schon wieder der Diamant!

4

Wähle eine ZAHL zwischen 100 und 200.

- Subtrahiere deine ZAHL von 200.
- Addiere 99.
- Addiere deine ZAHL.
- Subtrahiere davon 202.
- Dividiere das Ergebnis durch 40.

Der Rest steht im Diamanten!

5

Wähle eine ZAHL zwischen 50 und 100.

- Subtrahiere deine ZAHL von 1001.
- Subtrahiere 831.
- Addiere deine ZAHL.
- Nimm davon den fünften Teil.
- ...

Was musst du jetzt noch tun, damit das Ergebnis im Diamanten steht?

6 Erfinde ein eigenes Diamanten-Rätsel.

Freilichtmuseum

Preise für Tageskarten
Erwachsene: 5,50 €
Kinder: 3,00 €

Öffnungszeiten:
Di – So: 9 – 18 Uhr
Montags geschlossen

Preise für Jahreskarten
Erwachsene: 17,50 €
Kinder: 9,50 €

Gestern öffnete das Freilichtmuseum nach fünf Monaten Pause zum ersten Mal wieder seine Tore. Etwas mehr als tausend Besucher nutzten das schöne Wetter für einen Besuch. Viele brachten Getränke mit. Bis zum Abend waren schon 40 Jahreskarten für Erwachsene und 60 für Kinder verkauft. „Damit sind wir zufrieden."

verstehen

1 Verschiedene Fragen: Welche Fragen könnt ihr beantworten, ohne zu rechnen? Welche Fragen könnt ihr nicht beantworten? Bei welchen Fragen müsst ihr rechnen?

fragen

a) Wie viele Jahreskarten für Erwachsene wurden verkauft?

b) Wie viel mehr Jahreskarten wurden für Kinder verkauft?

c) Was kosten zwei Monatskarten für Erwachsene?

d) Was kostet der Tagesbesuch für zwei Erwachsene und vier Kinder?

e) Findet eigene Fragen.

2 Achtet auf wichtige Stellen im Text. Notiert, was zur Beantwortung der Frage wichtig ist.

Das Freilichtmuseum war vom 1. November bis 31. März geschlossen. Im März gab es Umbauarbeiten. Sie dauerten zwei Tage. Die Kosten dafür betrugen 1 500 €. Von April bis Oktober gab es 51 Führungen für Schulklassen mit bis zu 30 Kindern. Eine Führung dauerte eine Stunde und kostete 30 € für die gesamte Gruppe.

a) An wie vielen Tagen im März gab es keine Umbauarbeiten?

b) In welchem Zeitraum wurden die 51 Führungen gemacht?

3 a) Überlegt zuerst, welche Tipps und Hilfen ihr zum Lösen von Sachaufgaben kennt. Notiert sie auf einem Plakat.

Tipps und Hilfen zum Lösen von Sachaufgaben:

passende Fragen finden

genau lesen

wichtige Angaben erkennen

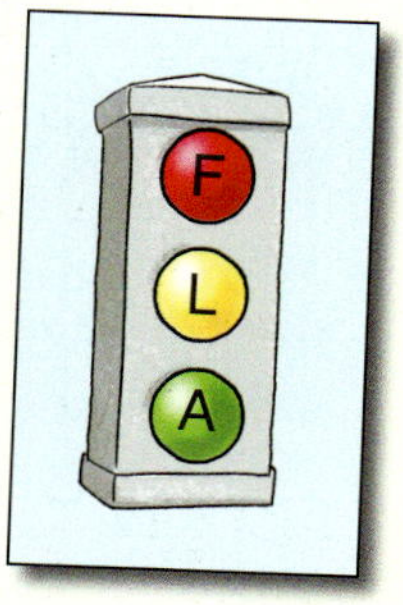

Reichen die Einnahmen aus den Führungen, um den Umbau zu bezahlen?

b) Probiert eure Ideen beim Lösen der Aufgabe aus.

4 Schaut euch die Texte auf Seite 18 an.
Zu drei Fragen gibt es eine passende Lösungshilfe. Findet sie. Dann löst.

lösen

a) Wie viel Geld hat das Freilichtmuseum durch den Verkauf der Jahreskarten am Eröffnungstag eingenommen?

b) Wie viel kostet der Tagesbesuch für drei Erwachsene und fünf Kinder?

c) An wie vielen Tagen im Jahr ist das Museum geöffnet?

d) Familie Müller muss insgesamt 20 € für die Tageskarten bezahlen. Wie viele Erwachsene und wie viele Kinder sind es?

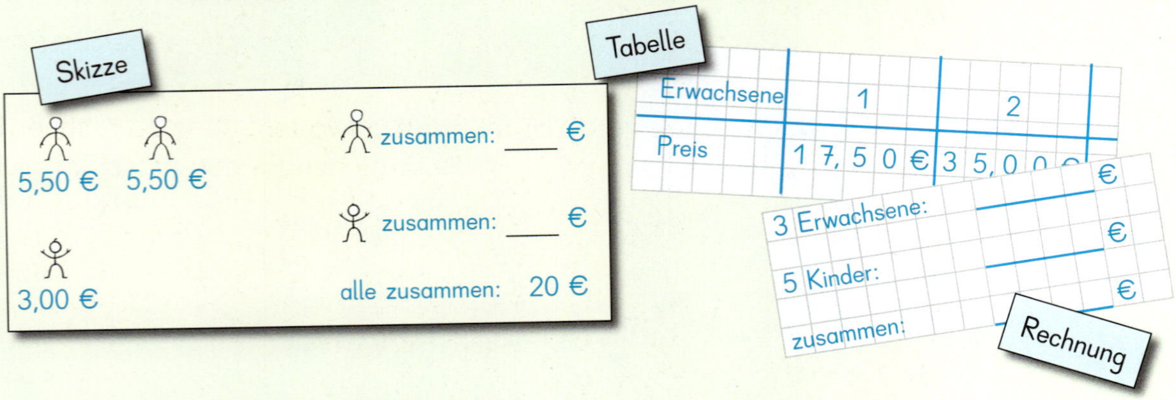

5 Zu einer Frage in Aufgabe 4 fehlt die Lösung. Findet einen eigenen Weg und löst.

6 Diese Antworten zu den Fragen von Aufgabe 4 sind falsch. Erklärt.

antworten

prüfen

a) Das Museum hat 700 € eingenommen.

b) Der Tagesbesuch kostet 15 €.

c) Das Museum ist an 313 Tagen im Jahr geöffnet.

7 Findet passende Fragen und löst. Prüft. Manchmal hilft der Überschlag.

a) Die Windmühle Nicoletta wurde 1861 erbaut. In der Nähe stehen zwei weitere Windmühlen: Mühle Sabrina ist 100 Jahre älter. Mühle Caterina ist 10 Jahre jünger.

b) Die Windmühle Sabrina mahlte früher in der Stunde 50 bis 70 kg Mehl. Sie lief zehn Stunden am Tag.

c) Diese Windmühlen heißen Holländer-Windmühlen. Die größten sind ungefähr so hoch wie 30 Viertklässler übereinander.

8 Legt eine Sachrechen-Kartei an.
Jedes Kind wählt ein eigenes Thema und erfindet dazu verschiedene Sachaufgaben, eine schwere, eine mittlere und eine leichte.
Es notiert auf der Rückseite, wie schwierig die Aufgabe ist, dann eine Lösung und eine Antwort.
Tauscht eure Karteikarten und löst die Aufgaben.

Sachrechen-Kartei: Notiert auf der

Vorderseite	Rückseite
Name Datum Thema Sachaufgabe	Schwierigkeit Lösung Antwort

Orientierung im Stadtplan

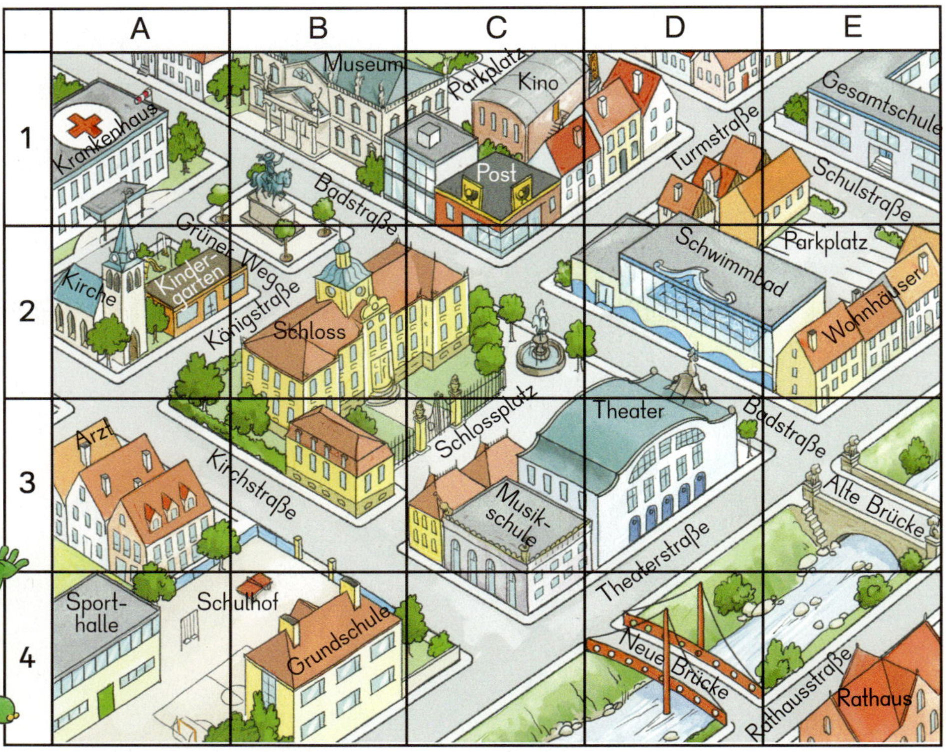

1 Was kannst du alles im Stadtplan sehen? Erzähle.

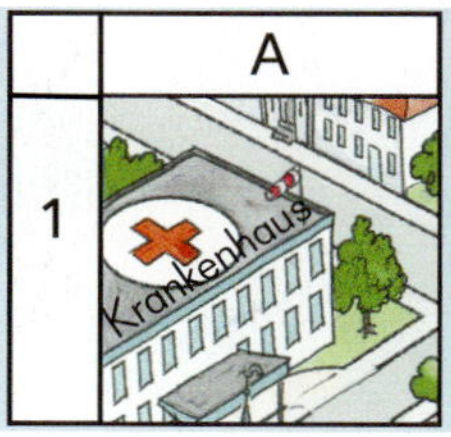

Das ist das Planquadrat A1.
Ein Planquadrat gibt an,
wo etwas im Stadtplan ist.

2 Was siehst du im Planquadrat?

a) B1 b) E1
c) D2 d) D3
e) A4 f) D4

3 In welchem Planquadrat siehst du das Gebäude?

a) Kirche b) Grundschule c) Kino d) Rathaus

4 In welchen Planquadraten siehst du das?

a) Parkplätze b) Brücken c) Schulen d) Theaterstraße

5 Im Planquadrat A2 befindet sich der Kindergarten.
Elena kommt mit ihrem kleinen Bruder aus dem Kindergarten.
Was sieht sie rechts (r), was sieht sie links (l)?

a) Kirche b) Reiterdenkmal c) Post d) Arzt

6 Im Planquadrat D2 befindet sich das Schwimmbad.
Titus kommt aus dem Schwimmbad.
Was sieht er rechts (r), was sieht er links (l)?

a) Post b) Theater c) Alte Brücke d) Reiterdenkmal

1 Niklas fährt Fahrrad. Er startet an der Alten Brücke (E3).
Er fährt über die Badstraße am Krankenhaus (A1) vorbei.
Was sieht Niklas auf seinem Weg rechts (r),
was sieht er links (l) ?

a) Schwimmbad b) Schloss
c) Reiterdenkmal d) Museum

Niklas Pia

2 Auch Pia fährt Fahrrad. Sie startet in der Badstraße beim Krankenhaus (A1).
Sie fährt über die Badstraße zur Alten Brücke (E3).
Was sieht Pia auf ihrem Weg rechts (r), was sieht sie links (l)?

a) Museum b) Reiterdenkmal c) Schloss d) Schwimmbad

3 Richtig oder falsch? Vergleiche mit Pias Weg aus Aufgabe 2.

a) 
b) 
c) 
d) 

4 Auch Milan fährt Fahrrad. Er startet an der Grundschule (B4).
Er fährt über die Theaterstraße. Er biegt links ab in die Badstraße.
An der nächsten Kreuzung biegt er rechts ab in die Turmstraße.
Was sieht Milan auf seinem Weg rechts (r), was sieht er links (l)?

a) Neue Brücke b) Theater
c) Springbrunnen d) Post

Milan Vanessa

5 Vanessa startet an der Gesamtschule (E1). Sie fährt über die Turmstraße.
Sie biegt links ab in die Badstraße. An der nächsten Kreuzung biegt sie rechts ab in die Theaterstraße. Über die Neue Brücke erreicht sie das Rathaus (E4).
Was sieht Vanessa auf ihrem Weg rechts (r), was sieht sie links (l) ?

a) Post b) Springbrunnen c) Schwimmbad d) Theater

6 Richtig oder falsch? Vergleiche mit Vanessas Weg aus Aufgabe 5.

a) 
b) 
c) 
d) 

7 Du bist mit deinem Fahrrad an der Grundschule (B4). Wohin möchtest du fahren?
Beschreibe deinem Partner deinen Weg.

Zahlenraum bis 1 Million

1

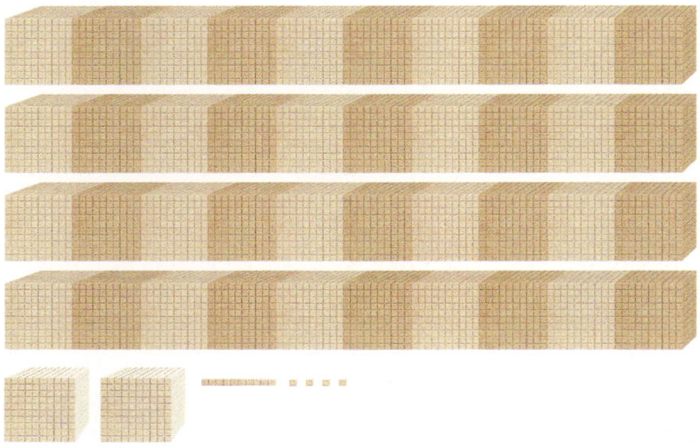

M	HT	ZT	T	H	Z	E
		●●●●	●●		●	●●●●
		4	2	0	1	4

zweiundvierzigtausendvierzehn

4 ZT + 2 T + 1 Z + 4 E

40 000 + 2 000 + 10 + 4

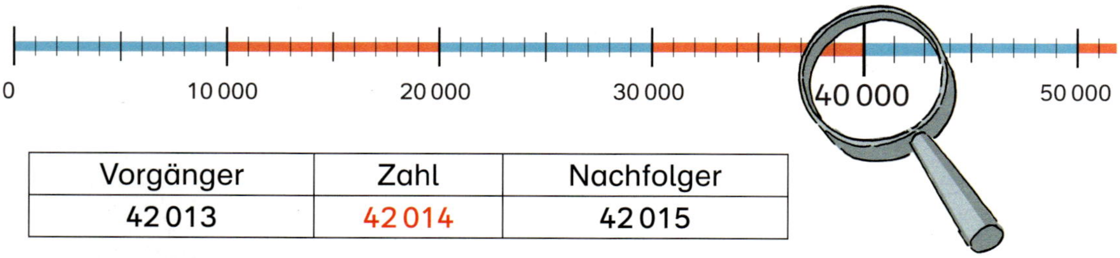

Vorgänger	Zahl	Nachfolger
42 013	42 014	42 015

Nachbartausender	Zahl	Nachbartausender
42 000	42 014	43 000

42 014 ist eine fünfstellige Zahl.

42 014 ist ungefähr 40 000.

42 014 ist das Doppelte von 21 007.

2 In der Nähe von 42 014

a)

Erdumfang
40 075 km

b)

Marathonlauf
42 195 m
42 km 195 m

c)

Weserstadion
Bremen
Zuschauer: 42 100

d)

Einwohner: 41 811

1

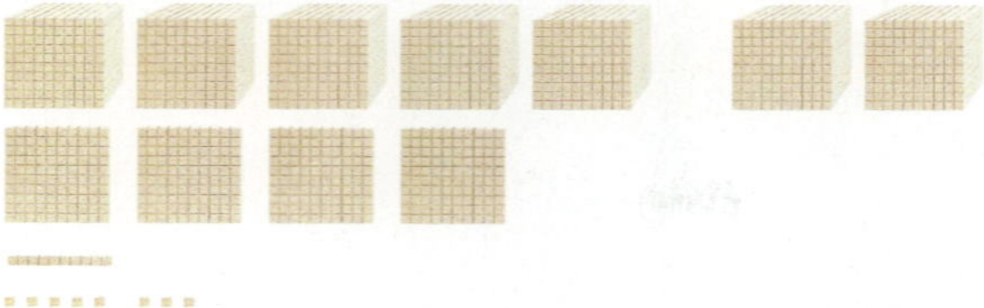

7 T + 4 H + 1 Z + 8 E = ____
7000 + 400 + 10 + 8 = ____

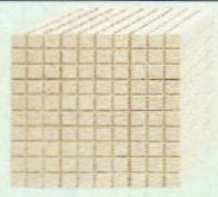	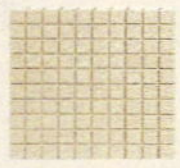		
T	H	Z	E
7			

2 Wie heißt die Zahl? Schreibe wie in Aufgabe 1.

a) 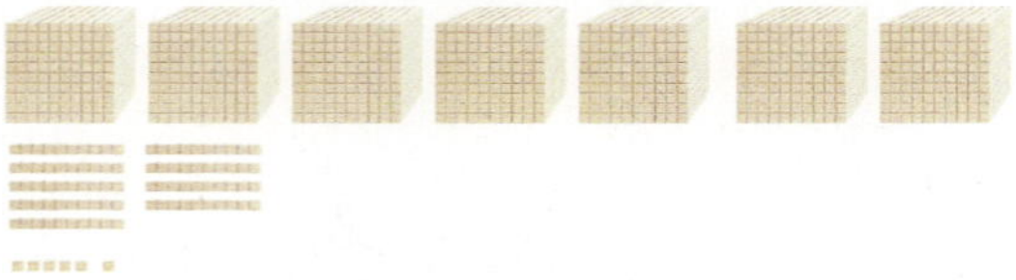

b) 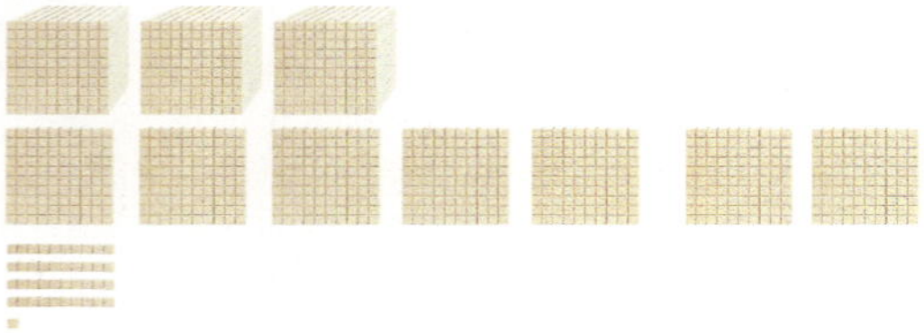

c) 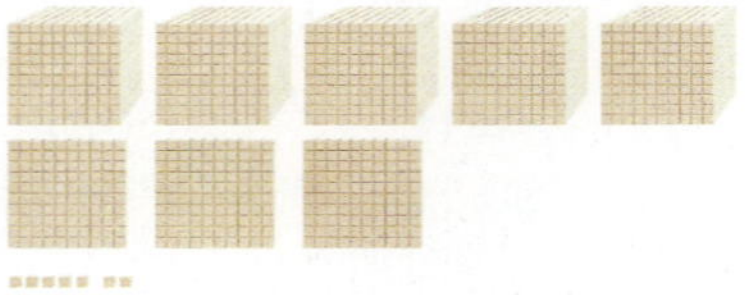

d) 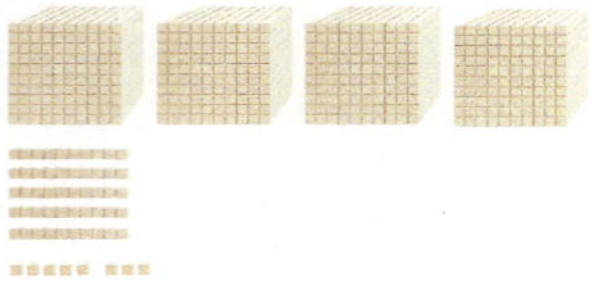

3 Trage in die Stellentafel ein.
Unterstreiche die größte Zahl braun.
Unterstreiche die kleinste Zahl gelb.

a) 7 T + 3 H + 6 Z + 4 E
4 T + 3 H + 2 Z + 5 E
9 T + 5 Z + 3 E

a)	T	H	Z	E
	7	3	6	4

b) 4 T + 2 H + 3 Z + 4 E
5 T + 7 H + 9 Z + 8 E
3 T + 8 H + 2 E

c) 4 T + 6 Z + 2 E
3 T + 4 H + 3 Z
4 T + 3 H + 1 E

d) 2 Z + 4 H + 2 E
4 T + 2 E + 3 Z
3 E + 4 H + 2 T

4 Welche Zahlen sind es?

a) 7 T + 4 H = 7400

a) 7 T + 4 H
3 T + 6 H

b) 9 H + 2 Z
3 H + 7 Z

c) 7 T + 7 H
7 H + 7 Z

5 Lies deinem Partner die Aufgabe vor.
Er schreibt das Ergebnis in die Stellentafel und nennt die Zahl.
Nach jedem Päckchen wird gewechselt.

a)	T	H	Z	E
	3	7	4	6

a) 3000 + 700 + 40 + 6
5000 + 400 + 60 + 5

b) 4000 + 600 + 40 + 4
8000 + 700 + 30 + 2

c) 2000 + 900 + 90
4000 + 400 + 10

6 Trage in die Stellentafel ein.

a) 5107 b) 3170 c) 8927 d) 9714 e) 6047 f) 4003 g) 374

Bündeln und Zerlegen

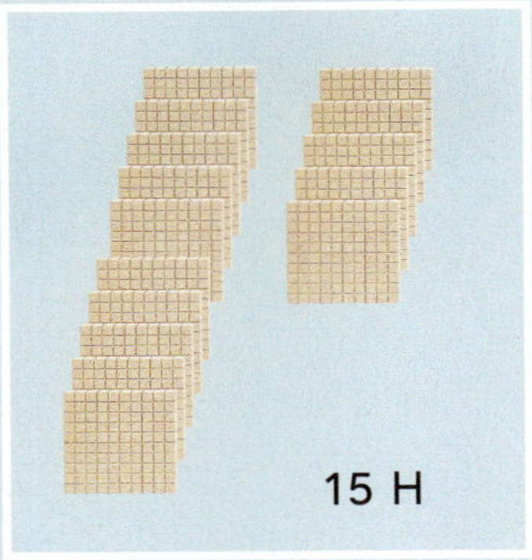

15 H

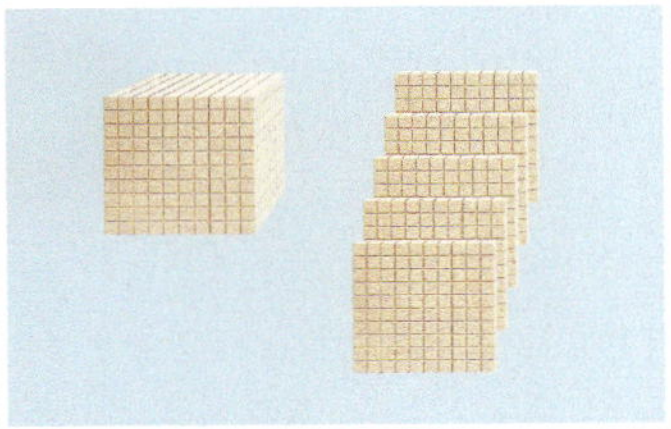

15 H = 1 T + 5 H = 1 500

1 Bündele. Wie viele sind es? Wie heißt die Zahl? Schreibe wie Zahline.

a) 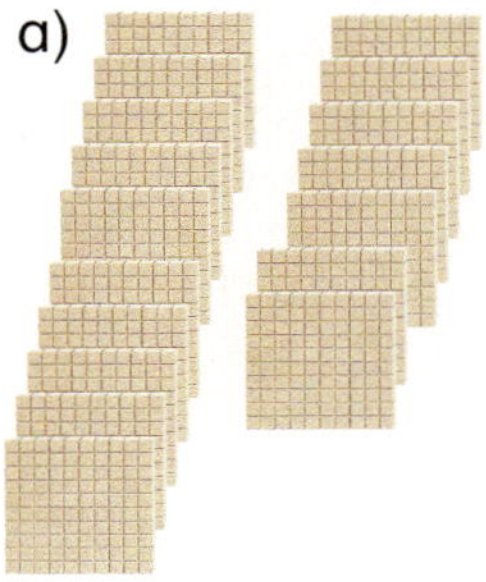

b) 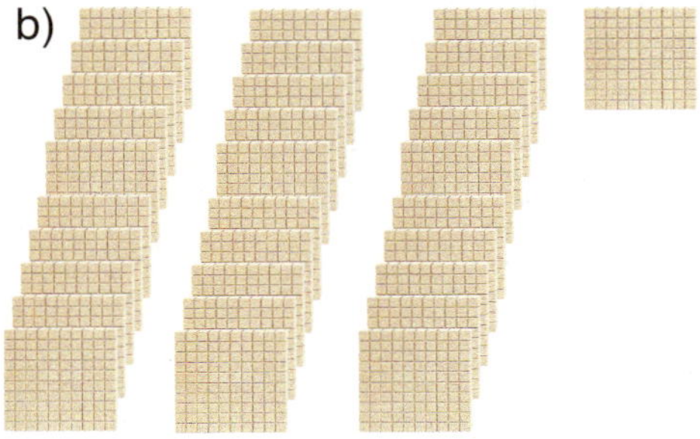

c) 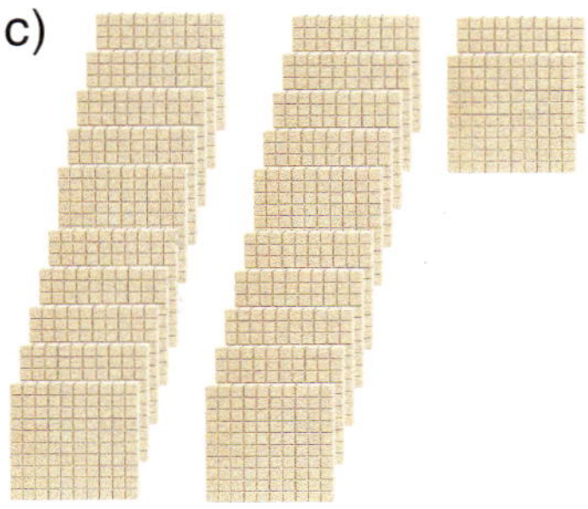

2 Wie heißen die Zahlen? Schreibe wie Zahline.

a)	b)	c)	d)	e)
35 H	85 H	63 H	18 H	99 H
21 H	29 H	74 H	52 H	100 H

10 Z = 1 H
10 H = 1 T

3 Wie heißen die Zahlen?

a)	b)	c)	d)	e)
32 H	96 H	30 H	71 H	80 H
32 Z	96 Z	30 Z	71 Z	80 Z
32 E	96 E	30 E	71 E	80 E

4 Zerlege in Tausender, Hunderter, Zehner und Einer.

a) 5 746 b) 4 351 c) 6 307
d) 8 529 e) 4 185 f) 2 817

a) 5746 = 5 T + 7 H + 4 Z + 6 E

5 Zahlenrätsel. Wie heißt die Zahl?

a) Meine Zahl hat 7 Hunderter, 4 Einer, 1 Tausender und 8 Zehner.

b) Meine Zahl hat 2 Zehner und halb so viele Hunderter. Sie hat so viele Tausender und so viele Einer wie Zehner.

c) Meine Zahl hat 3 Hunderter und keine Zehner. Sie hat doppelt so viele Tausender und doppelt so viele Einer wie Hunderter.

d) Meine Zahl hat 4 Tausender und halb so viele Einer. Sie hat keine Zehner und dreimal so viele Hunderter wie Einer.

1 Alles durch 10.

a) 174 650 : 10   b) 54 310 : 10   c) 260 300 : 10   d) 407 030 : 10

M	HT	ZT	T	H	Z	E
					5	0
				6	0	0
			4	0	0	0
		7	0	0	0	0
	1	0	0	0	0	0
	1	7	4	6	5	0

: 10 →

M	HT	ZT	T	H	Z	E
						5
					6	0
				4	0	0
			7	0	0	0
		1	0	0	0	0
		1	7	4	6	5

1 Z = 10 E
1 H = 10 Z
1 T = 10 H
1 ZT = 10 T
1 HT = 10 ZT
1 M = 10 HT

2 Alles durch 10.

a) 6 400 : 10   b) 13 000 : 10   c) 971 200 : 10   d) 100 000 : 10
5 820 : 10   25 630 : 10   639 520 : 10   1 000 000 : 10

3 Beim Dividieren durch 10 gilt:

Aus Zehnern werden .... Aus Hundertern werden .... Aus Tausendern werden ....
Aus Zehntausendern werden .... Aus Hunderttausendern werden ....

4 Alles durch 100.

a) 547 300 : 100   b) 65 800 : 100   c) 907 400 : 100   d) 453 000 : 100

M	HT	ZT	T	H	Z	E
				3	0	0
			4	0	0	0
		7	0	0	0	0
	5	0	0	0	0	0
	5	7	4	3	0	0

: 100 →

M	HT	ZT	T	H	Z	E
						3
					4	0
				7	0	0
			5	0	0	0
			5	7	4	3

1 H = 100 E
1 T = 100 Z
1 ZT = 100 H
1 HT = 100 T
1 M = 100 ZT

5 Alles durch 100.

a) 5 000 : 100   b) 63 000 : 100   c) 700 000 : 100   d) 830 000 : 100
3 400 : 100   45 300 : 100   537 900 : 100   1 000 000 : 100

6 Beim Dividieren durch 100 gilt:

Aus Hundertern werden .... Aus Tausendern werden ....
Aus Zehntausendern werden .... Aus Hunderttausendern werden ....

7 Alles durch 1 000.

a) 973 000 : 1 000   b) 806 000 : 1 000   c) 37 000 : 1 000   d) 1 000 000 : 1 000

M	HT	ZT	T	H	Z	E
			3	0	0	0
		7	0	0	0	0
	9	0	0	0	0	0
	9	7	3	0	0	0

: 1000 →

M	HT	ZT	T	H	Z	E
						3
					7	0
				9	0	0
				9	7	3

1 T = 1 000 E
1 ZT = 1 000 Z
1 HT = 1 000 H
1 M = 1 000 T

8 Beim Dividieren durch 1 000 gilt:

Aus Tausendern werden .... Aus Zehntausendern werden ....
Aus Hunderttausendern werden ....

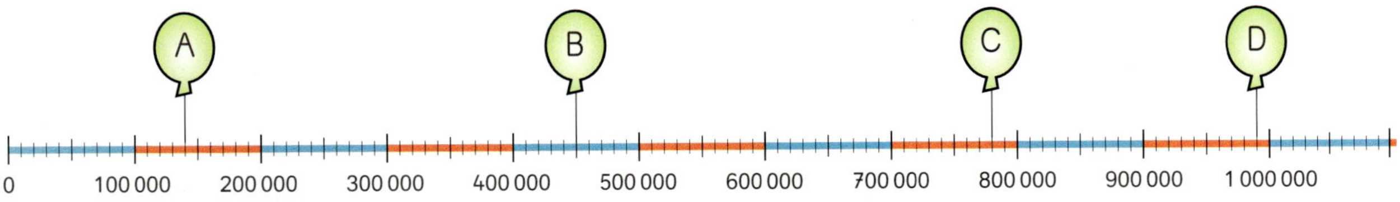

1 Von Strich zu Strich immer ___ mehr. Zeige und zähle am Zahlenstrahl.

2 Zähle in großen Schritten vorwärts und rückwärts.
a) 130 000, 140 000, ..., 230 000
400 000, 390 000, ..., 300 000
b) 410 000, 460 000, ... 910 000
500 000, 470 000, ... 200 000

3 Bei welchen Zahlen stehen die Ballons? Wie heißen die beiden Nachbarhunderttausender? Ergänze wie im Beispiel.

A: 140 000
140 000 + 60 000 = 200 000
140 000 − 40 000 = 100 000

4 Ein Kind zeigt eine Zahl. Das andere Kind sagt, wie sie heißt.

5 Zeige am Zahlenstrahl und rechne vor zum nächsten Hunderttausender (HT).
a) 330 000 + ___ = 400 000
170 000 + ___ = 200 000
b) 410 000 + ___ = 500 000
850 000 + ___ = 900 000
c) 290 000 + ___ = 300 000
640 000 + ___ = 700 000

6 Zeige am Zahlenstrahl und rechne vor zum nächsten Hunderttausender.
a) 280 000 b) 620 000 c) 950 000 d) 90 000

7 Zeige am Zahlenstrahl und rechne zurück zum nächsten Hunderttausender.
a) 760 000 − ___ = 700 000
410 000 − ___ = 400 000
b) 850 000 − ___ = 800 000
280 000 − ___ = 200 000
c) 690 000 − ___ = 600 000
540 000 − ___ = 500 000

8 Zeige am Zahlenstrahl und rechne zurück zum nächsten Hunderttausender.
a) 320 000 b) 170 000 c) 710 000 d) 980 000

9 Zeige am Zahlenstrahl. Wie heißen die Nachbarhunderttausender?
Unterstreiche rot den Nachbarhunderttausender, der näher an der Zahl liegt.
a) 340 000
780 000
b) 410 000
560 000
c) 820 000
870 000
d) 990 000
130 000

10 Nach rechts werden die Zahlen am Zahlenstrahl immer größer, nach links kleiner.
Zeige die Zahlen, dann setze < oder > ein.
a) 160 000 ◯ 170 000
410 000 ◯ 480 000
b) 520 000 ◯ 510 000
600 000 ◯ 630 000
c) 740 000 ◯ 710 000
850 000 ◯ 880 000

11 Ordne die Zahlen nach der Größe. Beginne mit der kleinsten Zahl.

a)	105 000	15 000	75 000	51 000	170 000	150 000
b)	23 000	230 000	302 000	320 000	203 000	200 300
c)	140 000	400 001	401 000	41 000	10 400	100 004

1

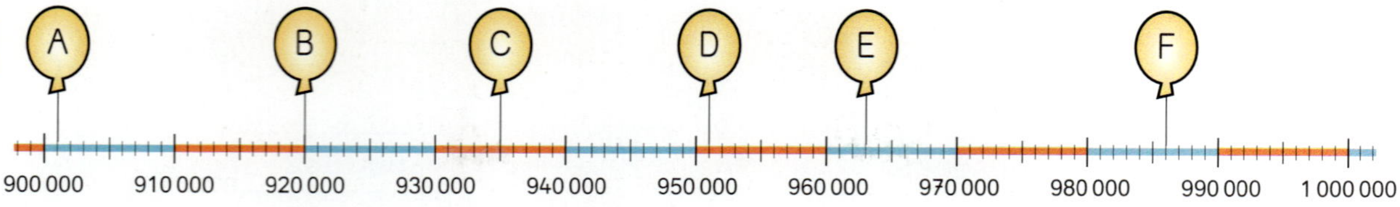

a) Von Strich zu Strich immer ___ mehr.
b) Bei welchen Zahlen stehen die Ballons?
c) Wie heißen die Nachbarzehntausender?
Schreibe wie im Beispiel.

A:	901000
	901000 + 9000 = 910000
	901000 − 1000 = 900000

2

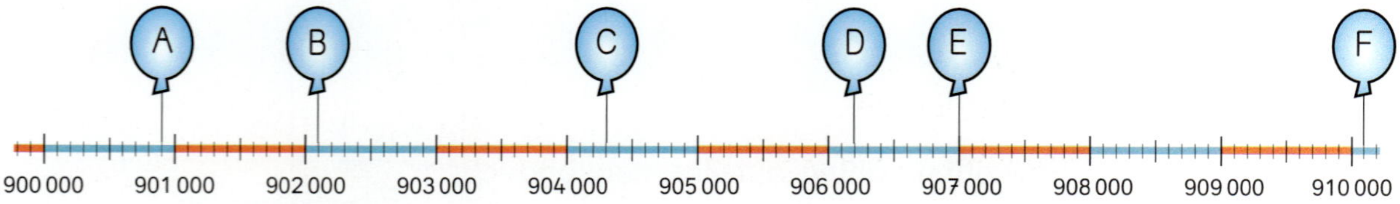

a) Von Strich zu Strich immer ___ mehr.
b) Bei welchen Zahlen stehen die Ballons?
c) Wie heißen die Nachbartausender? Schreibe wie in Aufgabe 1.

3

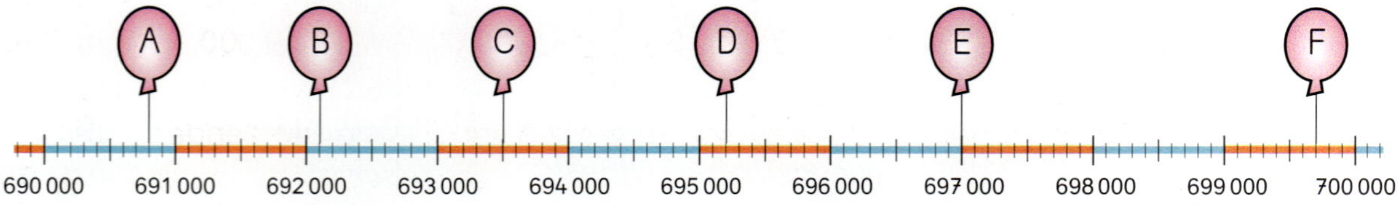

a) Von Strich zu Strich immer ___ mehr.
b) Bei welchen Zahlen stehen die Ballons?
c) Wie heißen die Nachbartausender? Schreibe wie in Aufgabe 1.

4 Schreibt eine Zahl zwischen 200 000 und 900 000 auf.
Schreibt abwechselnd
die Nachbarhunderttausender,
die Nachbarzehntausender,
die Nachbartausender auf.
Unterstreicht immer die Zahl,
die am nächsten an eurer Zahl liegt.

Zahl	374651	
Nachbar-HT	300000	400000
Nachbar-ZT	370000	380000
Nachbar-T		

5 Schreibt und unterstreicht die Nachbarn wie in Aufgabe 4. Wählt eine Zahl zwischen
a) 600 000 und 1 000 000, b) 300 000 und 700 000, c) 190 000 und 210 000.

6 Welche Zahlen passen?
Manchmal gibt es mehrere Möglichkeiten.
a) Ihr nächstgelegener Hunderttausender (HT) ist 500 000.
b) Ihr nächstgelegener Zehntausender (ZT) ist 450 000.
c) Ihr nächstgelegener Tausender (T) ist 455 000.

A 448 043
B 454 751
C 455 507
D 457 092

1 Essen hat 566 862 Einwohner.
Wie viele Einwohner leben ungefähr in Essen?
Runde auf Zehntausender.

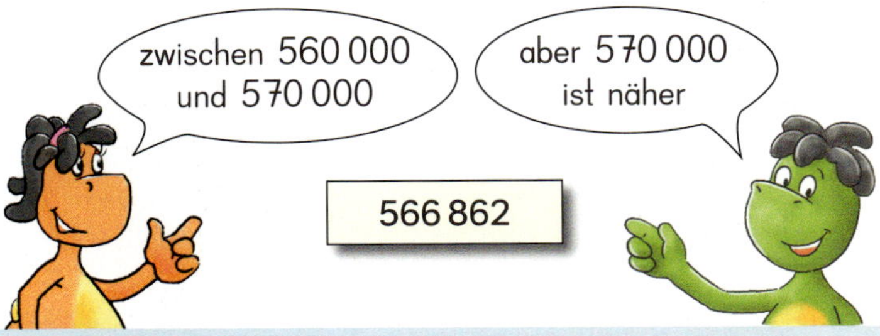

!

Essen	566 862 Einwohner
ungefähr	570 000 Einwohner

566 862 ≈ 570 000
ungefähr

Rundungsregel
Beim Runden auf Zehntausender achte auf die Tausender.
Bei 0, 1, 2, 3, 4 abrunden.
Bei 5, 6, 7, 8, 9 aufrunden.

2 a) Rundet die Einwohnerzahlen auf Zehntausender.
b) Bei welchen Städten habt ihr abgerundet, bei welchen aufgerundet?

Einwohnerzahlen

Dortmund	572 087
Mainz	202 756
Bremen	546 451
Trier	106 544
Hannover	514 137
Wuppertal	342 885
Koblenz	109 779
Düsseldorf	593 682
Bonn	309 869
Kiel	239 886
Wiesbaden	272 636

3 Runde auf Zehntausender.
Schreibe so: a) 74 185 ≈ 70 000

a) 74 185	b) 435 715	c) 999 000
29 630	851 318	41 800

4 Runde auf Tausender.
Schreibe so: a) 53 687 ≈ 54 000

a) 53 687	b) 341 768	c) 120 487
67 892	283 264	6 309

5 Runde 56 287 auf die angegebene Stelle und schreibe den Text in dein Heft.
a) Beim Runden auf Hunderter achte ich auf die ....-Stelle. 56 287 ≈ ___
b) Beim Runden auf Tausender achte ich auf die ....-Stelle. 56 287 ≈ ___
c) Beim Runden auf Zehntausender achte ich auf die ....-Stelle. 56 287 ≈ ___

6 Runde auf Hunderter, Tausender und Zehntausender wie in Aufgabe 5.
a) 63 711 b) 82 079 c) 112 791 d) 7 345

7 Rundet die Einwohnerzahlen in Aufgabe 2 auf Hunderttausender. Was fällt euch auf?
a) Vergleicht Wuppertal und Wiesbaden. b) Vergleicht Mainz und Kiel.

8 Die Kinder runden auf unterschiedliche Stellen.
Wie viele Einwohner könnten die Orte haben? Nennt zwei Beispiele.

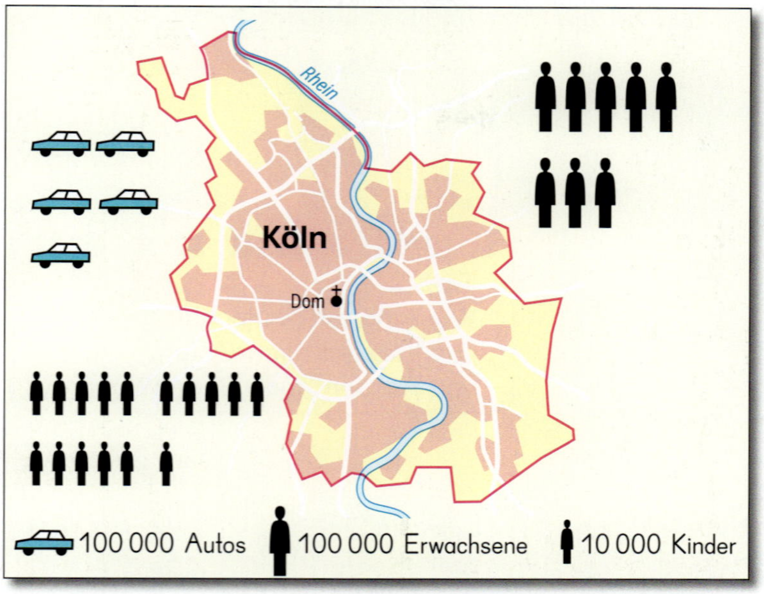

1 Köln ist die größte Stadt in Nordrhein-Westfalen und die viertgrößte Stadt in Deutschland.

a) Wie viele Autos sind in Köln angemeldet?
b) Wie viele Erwachsene leben in Köln?
c) Wie viele Kinder leben in Köln?

2 a) Wie viele Autos sind in den Städten angemeldet?
b) Wie viele Erwachsene leben in den Städten?
c) Wie viele Kinder leben in den Städten?

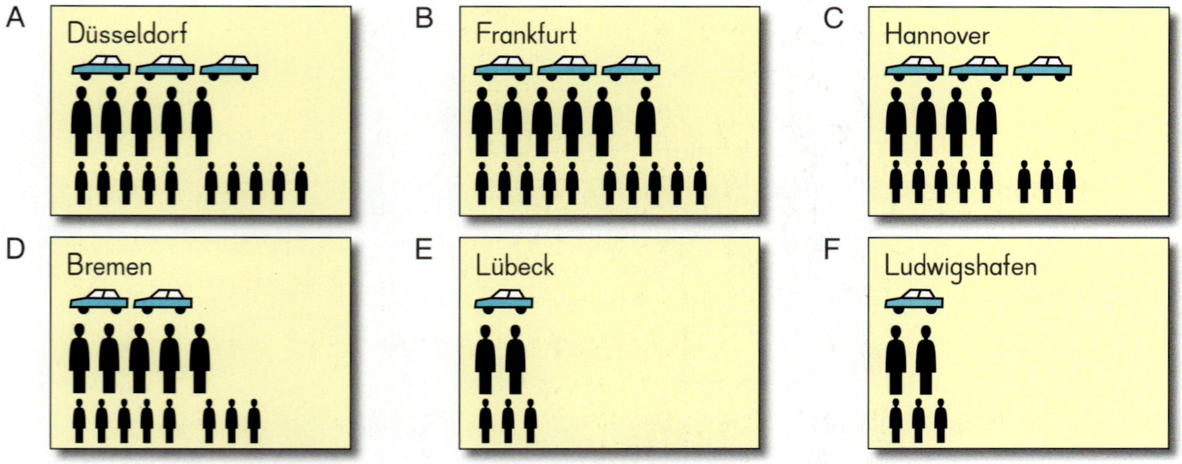

3 Vergleicht in den verschiedenen Städten in Aufgabe 2 die Anzahlen.
a) Autos b) Erwachsene c) Kinder

4 Lest die Schaubilder in Aufgabe 2 und ergänzt passend.
a) In Düsseldorf leben .... so viele Erwachsene wie in Bremen.
b) In Hannover leben .... so viele Erwachsene wie in Ludwigshafen.
c) In Frankfurt leben genauso viele Erwachsene wie in .... und .... zusammen.
d) In Lübeck leben .... so viele Kinder wie in Ludwigshafen.
e) In Ludwigshafen und Lübeck gibt es zusammen so viele Autos wie in ....

5 Bei der Stadt Brühl gibt es kein Symbol für Autos und keines für Kinder, nur ein Symbol für Erwachsene.

Nach dieser Seite empfiehlt sich Diagnosetest D3.

Wie viele Kinder braucht man für eine Kinderkette quer durch Deutschland?

Tipp 1
Wie lang ist eure Armspanne?
Schätzt, dann messt.

Tipp 2
Wie lang ist Deutschland
von Westen nach Osten,
von Norden nach Süden?

1 Wie lang ist eure Armspanne?
Schätzt, dann messt.

Kim	1,42 m
Max	1,39 m
Mirko	1,48 m
Ida	1,51 m

2 Im Internet findet ihr viele Karten von Deutschland.
Wie lang ist Deutschland von Westen nach Osten?
Ganz im Westen von Deutschland liegt Aachen,
ganz im Osten liegt Görlitz. Im Internet findet ihr
auch Entfernungen zwischen Städten.
Von Aachen bis Görlitz sind es 624 km Luftlinie.
Rundet auf Hunderter: 624 km ≈ ___ km

3 Wie viele Kinder braucht man
für eine 600 km lange Kinderkette?

Länge	3 m	6 m	6 km
Kinder	2	4	

1 000 m
= 1 km

4 Kinderkette quer durch Deutschland von Norden nach Süden.
Ganz im Norden von Deutschland liegt Flensburg, ganz im Süden liegt Konstanz.
Von Flensburg bis Konstanz sind es 792 km Luftlinie.
Lina sagt: „Für diese Kinderkette braucht man mehr als eine halbe Million Kinder."
Prüft nach.

Kinder	2	10	10 000	100 000
Länge	3 m	15 m	15 km	

Fermi-Aufgaben: Diese Aufgaben sind nach dem Physiker
Enrico **Fermi** (1901–1954) benannt.
Für **Fermi-Aufgaben** muss man weitere Informationen suchen,
nachschlagen, etwas ausmessen, schätzen oder überschlagen.
Es gibt immer verschiedene Lösungswege.
Unterschiedliche Lösungen sind möglich.

1 Wie heißt die Zahl?

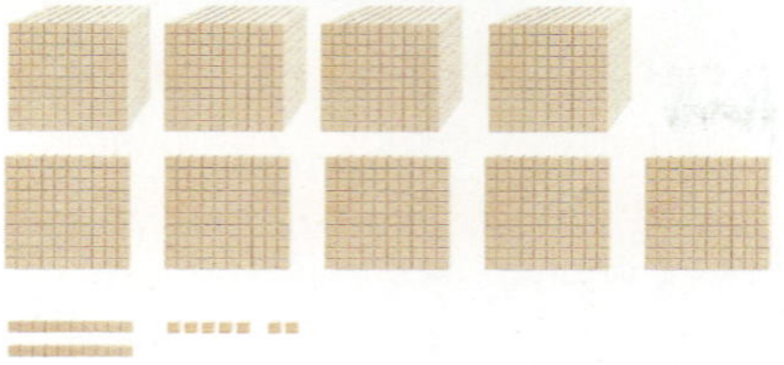

___ T + ___ H + ___ Z + ___ E = _____

2 a) Wie heißt die Zahl?

M	HT	ZT	T	H	Z	E
	●●●	●●●●●	●●		●	●●●●

b) Wie heißt die Zahl, wenn du bei den Zehnern ein Plättchen wegnimmst?

3 Welche Zahlen sind es?

a) 300 000 + 4 000 + 50
60 000 + 2 000 + 7
70 000 + 600 + 90

b) 1 HT + 6 ZT + 2 H + 3 E
5 HT + 7 T + 4 Z + 9 E
2 ZT + 8 T + 6 H + 1 Z

c) 13 ZT
57 T
64 H

4
a) 555 555 + 40 000
555 555 + 4 000
555 555 + 400

b) 888 888 − 40 000
888 888 − 4 000
888 888 − 400

5
a) 24 307 · 10
7 057 · 10
6 340 · 10

b) 3 754 · 100
6 027 · 100
5 008 · 100

c) 530 740 : 10
60 290 : 10
6 700 : 10

d) 80 600 : 100
63 200 : 100
50 000 : 100

6

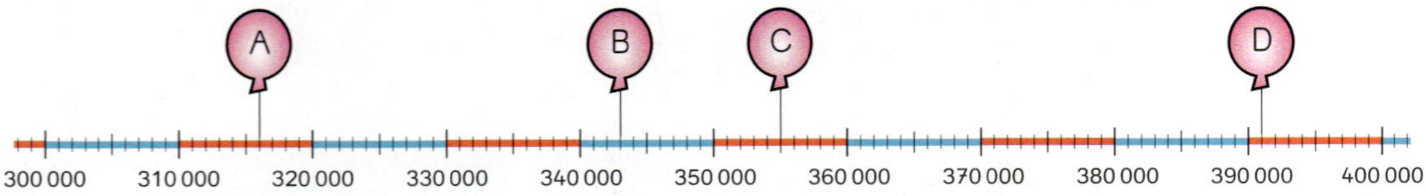

a) Bei welchen Zahlen stehen die Ballons?
b) Rechne jeweils vor zum nächsten Zehntausender.

7 a) Runde auf Hunderttausender.
627 988 97 203

b) Runde auf Zehntausender.
718 204 61 976

8 Vergleiche. Setze < oder > ein.
118 000 ◯ 181 000
250 304 ◯ 205 798
423 630 ◯ 423 360

9

Immer 1 Million.

1 000 000
2 · 500 000
700 000 + 300 000

Es gibt viele Aufgaben.

Gewichte

1

! 1 kg = 1 000 g $\quad$ $\frac{1}{2}$ kg = 500 g $\quad$ $1\frac{1}{2}$ kg = 1 500 g $\quad$ $\frac{1}{4}$ kg = 250 g $\quad$ $\frac{3}{4}$ kg = 750 g

2 a) Vergleicht die Gewichtsangaben auf den Einkaufszetteln. Bei welchen Lebensmitteln ist das Gewicht gleich? Wovon muss Dilip mehr kaufen als Insa? Wovon muss Insa mehr kaufen als Dilip?

b) Wie viel mehr oder wie viel weniger muss Dilip kaufen?

Insa	
1 000 g	Möhren
1 500 g	Äpfel
400 g	Pilze
700 g	Aprikosen
200 g	Himbeeren
2 500 g	Kartoffeln

Dilip	
$\frac{1}{2}$ kg	Möhren
$1\frac{1}{2}$ kg	Äpfel
$\frac{1}{2}$ kg	Pilze
$\frac{3}{4}$ kg	Aprikosen
$\frac{1}{4}$ kg	Himbeeren
$2\frac{1}{2}$ kg	Kartoffeln

3 Schreibe alle Gewichtsangaben auf drei Weisen.

a) $1\frac{1}{2}$ kg = 1 kg 500 g = 1500 g

a) $1\frac{1}{2}$ kg $\quad$ b) $2\frac{1}{4}$ kg $\quad$ c) 2 kg 750 g $\quad$ d) 4 500 g

e) 1 250 g $\quad$ f) 5 kg 500 g $\quad$ g) $3\frac{3}{4}$ kg $\quad$ h) 750 g

4 Was wiegt 1 kg? Was wiegt $\frac{1}{2}$ kg? Was wiegt $\frac{1}{4}$ kg? Was wiegt 100 g? Ordnet zu.

a) 

b) 

c) 

d) 

e) 

f) 

g) 

h) 

1

Kilogramm	Gramm		
kg	100 g	10 g	1 g
2	4	6	5

2 Lest die Kilogramm-Angaben auf den Waagen ab und tragt sie in die Tabelle ein.

a) 2,460 kg b) 2,400 kg c) 2,045 kg

d) 2,605 kg e) 2,030 kg f) 2,005 kg

	kg		g	
a)	2	4	6	0

3 Schreibe die Kilogramm-Angaben aus Aufgabe 2 auf drei Weisen.

a) 2,460 kg = 2 kg 460 g = 2460 g

4 Nicht immer sind alle Stellen hinter dem Komma angegeben.

Schreibe auf drei Weisen: a) 2,5 kg = 2 kg 500 g = 2500 g

a) 2,5 kg b) 1,25 kg c) 3,75 kg d) 2,03 kg e) 0,8 kg f) 1,05 kg

5 Schreibe in Kommaschreibweise. Dann lies vor.

a)	b)	c)	d)	e)
3 kg 400 g	2 kg 99 g	4 280 g	6 500 g	$\frac{1}{2}$ kg
3 kg 40 g	4 kg 70 g	3 070 g	800 g	$\frac{1}{4}$ kg
3 kg 4 g	6 kg 200 g	2 006 g	40 g	$\frac{3}{4}$ kg

$\frac{1}{2}$ kg = 0,5 kg = 500 g $\frac{1}{4}$ kg = 0,25 kg = 250 g $\frac{3}{4}$ kg = 0,75 kg = 750 g

1 Emre sagt: „Eine Tonne sind 1 000 kg. Wir wiegen zusammen 1 Tonne, also 1000 kg."

2 In Klasse 4b sind 29 Kinder.

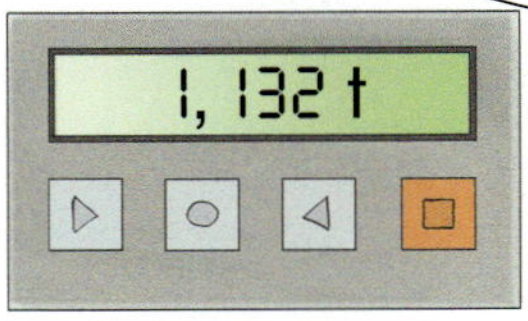

Tonne	Kilogramm		
t	100 kg	10 kg	1 kg
1	1	3	2

3 Lies die Gewichtsangaben ab und trage sie in die Tabelle ein.

a) 4c: 28 Kinder b) 4d: 26 Kinder c) 4e: 23 Kinder

	t	kg		
a)	1	1	0	3

4 Schreibe auf drei Weisen. a) 1,123 t = 1 t 123 kg = 1123 kg

a) 1,123 t b) 1,105 t c) 1,009 t d) 0,985 t e) 1,801 t f) 3,005 t

5

Elefant	Nashorn	Weißer Hai	Grauwal	Seekuh	Eisbär

4 t	2,8 t	3,5 t	30 t	0,5 t	0,75 t

a) Wie viel Tonnen, wie viel Kilogramm wiegen die Tiere?
Schreibe so: Elefant: 4 t = 4000 kg

b) Ordne die Tiere nach ihrem Gewicht. Beginne mit dem leichtesten Tier.

6 Ein Kind im vierten Schuljahr wiegt ungefähr 40 kg. 25 Kinder wiegen ungefähr 1 t.
Wie viele Kinder sind so schwer wie

a) ein Elefant, b) ein Nashorn, c) ein Grauwal, d) eine Seekuh?

7 Ordne nach der Größe. Beginne mit dem kleinsten Gewicht.

3,5 t | 3,005 t | 3 002 kg | 3,200 t | 3 555 kg | $3\frac{1}{4}$ t

verstehen | fragen | lösen | antworten | prüfen

1 Ein Blauwalbaby ist bei der Geburt ungefähr so lang wie zwei Taucher.

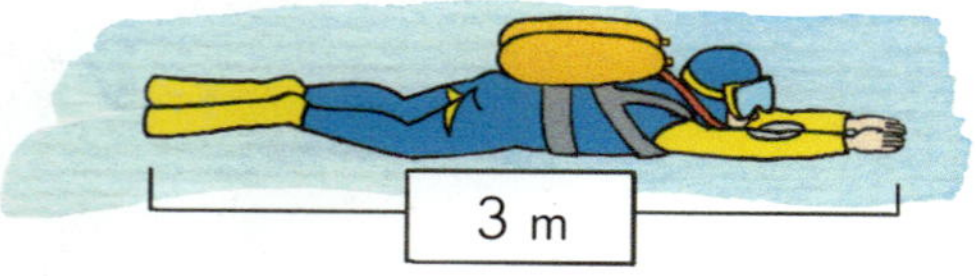

2 Der längste Blauwal war ungefähr so lang wie eine Kette von elf Tauchern.

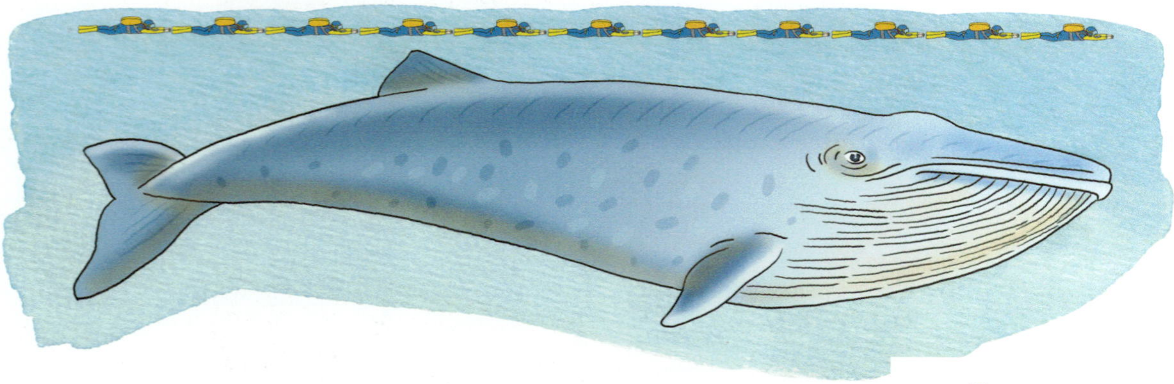

3 Ein Blauwalbaby wiegt bei seiner Geburt ungefähr so viel wie 30 Taucher zusammen.

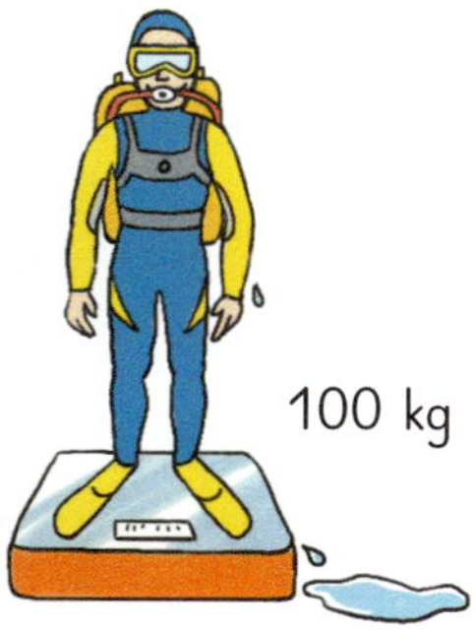

4 Ein ausgewachsener Blauwal ist ungefähr so schwer wie 1 500 Taucher.

5

> Bei der Geburt ist ein Blauwalbaby 3 t schwer. Blauwalbabys werden unter Wasser von der Mutter gesäugt. Da die Walmilch sehr nahrhaft ist, wachsen die Jungen sehr schnell.
> Nach nur einem Jahr wiegt ein Blauwalbaby fast zehnmal so viel wie bei seiner Geburt.

a) Wie schwer ist ein Blauwalkind mit einem Jahr?
b) Wie viel Tonnen nimmt ein Blauwal in seinem ersten Lebensjahr zu?
c) Wie viele Kinder wiegen ungefähr so viel wie ein einjähriges Walkind?

6

> Blauwale sind die größten Tiere auf der Welt. Es gibt heute 15 000 bis 20 000 Blauwale. 1970 waren es noch ungefähr 250 000 Tiere. Ihre Zahl ist vor allem durch den Walfang, aber auch durch Unfälle mit Schiffen stark zurück gegangen.
> Erst seit Beginn des neuen Jahrtausends steigt die Anzahl der Blauwale langsam wieder.

Wie viele Blauwale gibt es heute weniger als im Jahr 1970?

7 Sucht weitere Informationen über den Blauwal und findet eigene Aufgaben für die Sachrechen-Kartei.

7 Hinweise zur Sachrechen-Kartei siehe Seite 19 Aufgabe 8.
Nach dieser Seite empfiehlt sich Diagnosetest D4.

Flexibles Addieren und Subtrahieren

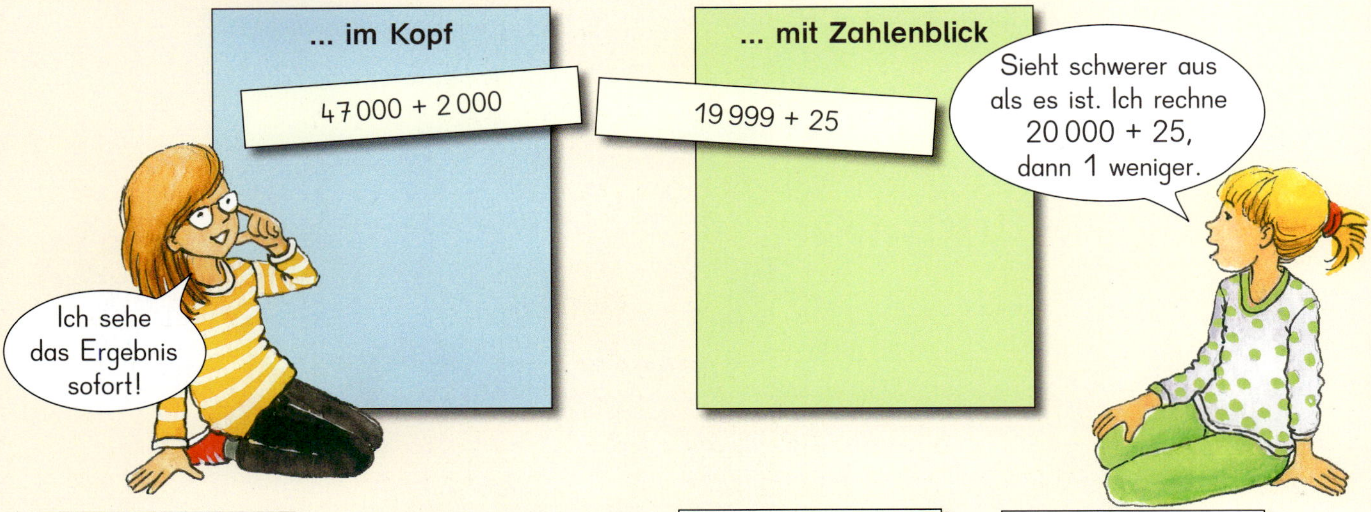

18 200 + 100	25 700 + 1 400	13 173 + 8 095	29 999 + 87
75 392 + 3	30 T + 4 T	30 200 + 1 600	33 887 + 4 125
6 444 + 999	900 003 + 99 917	50 400 + 2 200	8 819 + 784

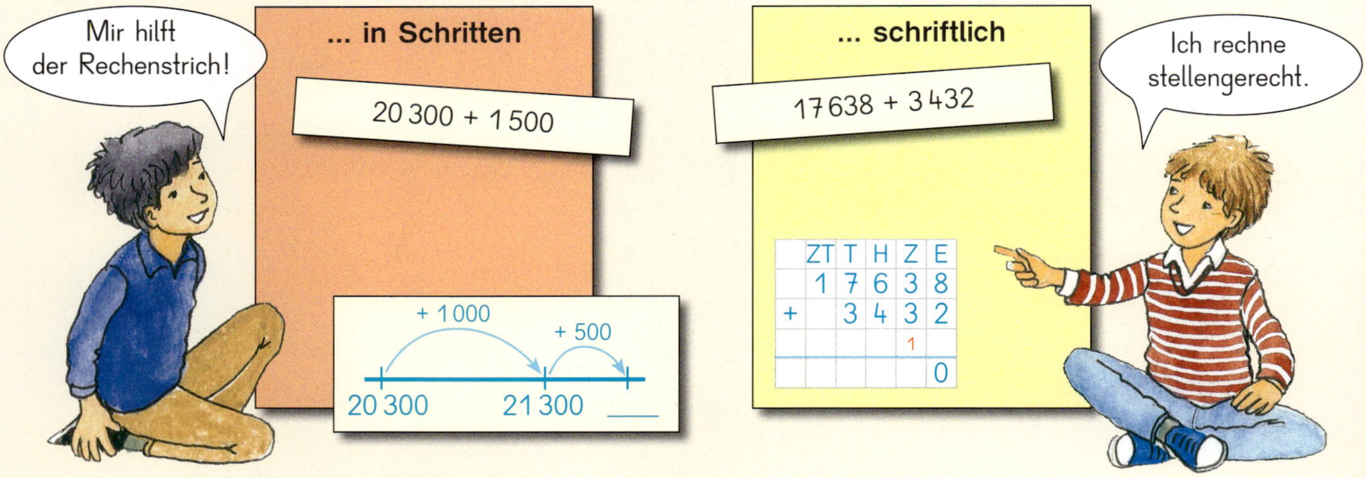

1 Löse die Aufgaben auf den Plakaten.

2 Ordne die Aufgaben auf den Zetteln den Plakaten zu. Dann rechne.

3 Finde weitere passende Aufgaben zu den Plakaten.

4 a) 123 456 + 30 000
123 456 + 3 000
123 456 + 300

b) 987 654 + 2 000
987 654 + 200
987 654 + 20

1

Zahlix und Zahline haben Muster mit Nullen und zwei anderen Ziffern gebildet.
Sucht aus jedem Muster eine Zahl aus und addiert die beiden Zahlen.

Zahlix-Zahl + Zahline-Zahl

a) Viele Aufgaben sind ganz leicht.
Ihr könnt sie im Kopf rechnen.

Ich sehe das Ergebnis sofort!

70 020 + 39 = 70 059
27 000 + 930 = 27 930

Findet fünf Aufgaben.

b) Bei anderen Aufgaben hilft es, sie in Schritten zu rechnen.

20 700 + 930

+ 300 + 630

20 700 21 000 ___

Ich rechne so. Wie rechnest du?

Findet fünf Aufgaben.

2 a) Bilde mit den Ziffern 4 und 6 ein Muster wie Zahlix.
b) Bilde mit den Ziffern 2 und 8 ein Muster wie Zahline.
c) Rechne wie in Aufgabe 1. Finde fünf Aufgaben, die du im Kopf rechnest.
d) Rechne wie in Aufgabe 1. Finde drei Aufgaben, die du in Schritten rechnest.

3

a)	b)	c)
20 500 + 600	40 700 + 500	80 200 + 900
20 050 + 60	40 070 + 50	80 020 + 90
20 005 + 6	40 007 + 5	80 002 + 9

4

a)	b)	c)
26 000 + 5 000	73 000 + 8 000	48 000 + 6 000
26 100 + 5 000	73 150 + 8 000	48 050 + 6 000
26 100 + 5 300	73 150 + 8 250	48 050 + 6 450

5

a)	b)	c)
370 000 + 40 000	660 000 + 90 000	950 000 + 40 000
370 000 + 40 400	660 000 + 90 350	950 000 + 41 000
370 400 + 40 400	660 150 + 90 350	951 000 + 41 000

6 In jedem Päckchen sind zwei Aufgaben falsch.
Mit dem Zahlenblick findest du sie schnell. Rechne richtig.

a)	b)	c)
27 000 + 83 = 27 830	60 007 + 500 = 60 570	40 009 + 707 = 40 716
27 000 + 830 = 27 830	60 070 + 500 = 65 070	40 090 + 707 = 47 097
27 000 + 8 = 27 080	67 000 + 500 = 67 500	40 900 + 77 = 49 077

1

2 Im Kopf oder schriftlich? Wie geht es schneller? Entscheide bei jeder Aufgabe neu. Alle Ergebnisse haben die Quersumme 16.

a)	b)	c)
60 202 + 6 000	13 080 + 13 000	450 000 + 340 000
76 650 + 7 372	16 852 + 12 189	430 065 + 70 000
24 626 + 284	23 000 + 56 000	407 200 + 30 000
73 180 + 60	33 599 + 22 001	640 614 + 63 409

3

a)	b)
49 999 + 713	199 999 + 478
49 999 + 1 845	299 999 + 3 355
79 999 + 6 007	399 999 + 7 088

c)	d)
99 999 + 856	29 999 + 33 001
99 999 + 2 971	29 999 + 28 001
99 999 + 9 597	69 999 + 15 001

4 Im Kopf oder schriftlich? Wie geht es schneller? Entscheide bei jeder Aufgabe neu. Alle Ergebnisse haben die Quersumme 15.

a)	b)	c)
23 235 + 999	39 999 + 56 001	588 970 + 213 080
91 299 + 201	26 000 + 52 000	370 000 + 401 000
64 646 + 574	33 499 + 22 001	759 999 + 200 001

5

a) Subtrahiere 100 000 von 900 000. Addiere 30 000.

b) Addiere zu 799 999 das Doppelte von 16.

c) Addiere zu 800 098 die Hälfte von 404.

d) Addiere 184 567 und 123 456. Subtrahiere 23 von der Summe.

6 Wie heißen die Zahlen? a) 75 H = 7 500

a)	b)	c)	d)	e)	f)
75 H	98 H	23 H	34 Z	17 H	61 Z
75 Z	98 Z	23 Z	34 H	17 Z	61 H

7

a)	b)	c)	d)	e)	f)
48 ZT	73 T	55 T	37 ZT	69 ZT	84 T
48 T	73 ZT	55 ZT	37 T	69 T	84 ZT

Erst schätzen, dann rechnen

1 1 007 | 2 090 | 3 009 | 4 010 | 5 003 | 6 400 | 7 001 | 8 600

a) Wähle zwei Zahlen.
Addiere sie.
Die Summe soll
kleiner als 7 000 sein.
Es gibt sechs Aufgaben.

3 097 4 016 5 017 5 099 6 010 6 100

b) Wähle zwei Zahlen und addiere sie. Die Summe soll größer als 13 000 sein.
Es gibt vier Aufgaben.

13 401 13 603 15 000 15 601

2 6 000 | 15 000 | 240 000 | 402 000 | 560 000 | 720 000 | 900 005

a) Wähle zwei Zahlen. Addiere sie. Die Summe soll kleiner als 500 000 sein.
Es gibt fünf Aufgaben.

21 000 246 000 255 000 408 000 417 000

b) Wähle zwei Zahlen. Addiere sie. Die Summe soll zwischen 500 000 und 700 000 liegen. Es gibt drei Aufgaben.

566 000 575 000 642 000

3 In jedem Päckchen sind drei Ergebnisse falsch. Du findest sie durch den Überschlag. Rechne richtig.

a) 10 568 + 14 436 = 25 004
77 158 + 2 884 = 90 012
25 022 + 24 978 = 40 000
19 999 + 20 001 = 40 000
42 000 + 40 480 = 85 000

b) 47 210 + 43 290 = 80 500
27 019 + 9 999 = 26 158
23 456 + 12 345 = 35 801
90 002 + 7 998 = 98 000
11 111 + 22 222 = 31 213

4 Stimmt das?

a) Die Summe aus 6 000 und 15 000 ist 210 000.

b) 17 000 ist 2 000 mehr als 15 000.

c) Von 12 123 bis 20 000 fehlen 8 877.

d) Die erste Zahl ist 4 000. Die zweite Zahl ist 35 000. Die Summe ist 75 000.

e) Wenn ich zu 23 001 noch 5 999 addiere, ist die Summe kleiner als 30 000.

f) 21 000 + 7 000 ist kleiner als 70 000 + 2 100.

5 Was meinst du?

a) Peter meint: „10 000 ist ein guter Überschlag von 4 312 + 5 133.“
b) Jonas behauptet: „Bei 5 wird abgerundet und bei 6 aufgerundet.“
c) Tim sagt: „Einen Überschlag gibt es nicht nur in Mathe.“

1 und 2 Hier bleibt keine Lösungszahl übrig.

Subtrahieren mit Zahlenblick

1

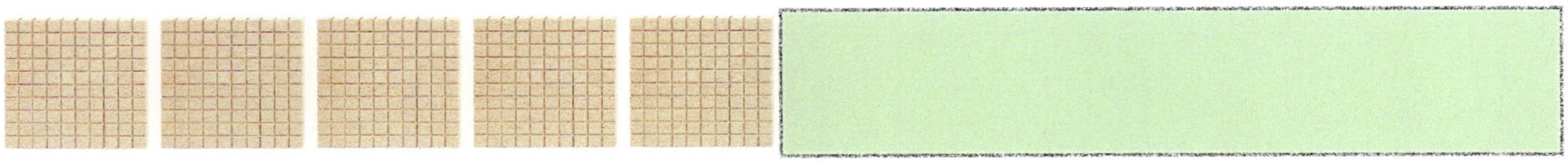

1 000 − 500 = ____

1 000 − 50 = ____

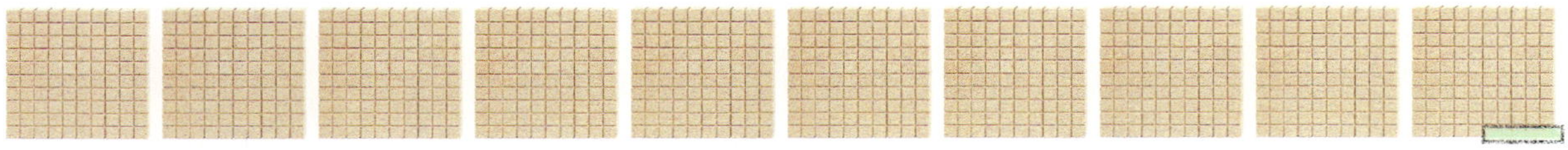

1 000 − 5 = ____

2

a) 1 000 − 600
1 000 − 60
1 000 − 6

b) 3 000 − 600
3 000 − 60
3 000 − 6

c) 5 000 − 600
5 000 − 60
5 000 − 6

d) 10 000 − 600
10 000 − 60
10 000 − 6

3 a) Rechnet zehn Aufgaben.

Sucht aus jedem Muster eine Zahl aus und bildet die Differenz.

Zahlix-Zahl − Zahline-Zahl

b) Welche Aufgabe hat im Ergebnis am häufigsten die Ziffer 9?
c) Schreibt alle Aufgaben auf, bei denen die Ziffer 9 nicht im Ergebnis vorkommt.

4 Bildet selbst Zahlenmuster wie Zahlix und Zahline. Rechnet wie in Aufgabe 3.

5 Weg vom Tausender

a) 87 000 − 300
87 000 − 30
87 000 − 3

b) 75 000 − 500
75 000 − 50
75 000 − 5

c) 91 000 − 100
91 000 − 10
91 000 − 1

d) 100 000 − 200
100 000 − 20
100 000 − 2

6 Weg vom Zehntausender

a) 240 000 − 4 000
240 000 − 400
240 000 − 40

b) 710 000 − 7 000
710 000 − 700
710 000 − 7

c) 990 000 − 9 000
990 000 − 90
990 000 − 9

7 Subtrahiere jeweils von 1 000 000.

300 000 | 20 000 | 1 000 | 500 | 30 | 7

1

Sucht aus jedem Muster eine Zahl aus und bildet die Differenz.

Zahlix-Zahl – Zahline-Zahl

a) Viele Aufgaben sind ganz leicht.
Ihr könnt sie im Kopf rechnen.

Ich sehe das Ergebnis sofort!

70 060 – 35 = 70 025
60 700 – 350 = 60 350

Findet fünf Aufgaben.

b) Bei anderen Aufgaben hilft es, sie in Schritten zu rechnen.

60 700 – 5 300

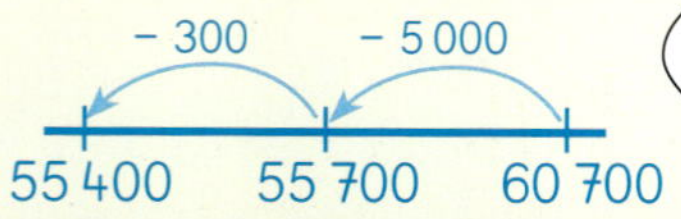

Ich rechne so. Wie rechnest du?

Findet fünf Aufgaben.

2
a) Bilde mit den Ziffern 9 und 6 ein Muster wie Zahlix.
b) Bilde mit den Ziffern 4 und 2 ein Muster wie Zahline.
c) Rechne wie in Aufgabe 1. Finde fünf Aufgaben, die du im Kopf rechnest.
d) Rechne wie in Aufgabe 1. Finde drei Aufgaben, die du in Schritten rechnest.

3

a)	b)	c)
20 500 – 600	40 200 – 500	80 300 – 900
20 050 – 60	40 020 – 50	80 030 – 90
20 005 – 6	40 002 – 5	80 003 – 9

4

a)	b)	c)
37 000 – 9 000	86 000 – 7 000	41 000 – 8 000
37 700 – 9 000	86 800 – 7 000	41 350 – 8 000
37 700 – 9 700	86 800 – 7 800	41 350 – 8 350

5 Aufgepasst!

a)	b)	c)
64 000 – 5 000	52 000 – 3 000	73 000 – 6 000
64 300 – 5 000	52 200 – 3 000	73 700 – 6 000
64 000 – 5 300	52 000 – 3 200	73 000 – 6 700

6 In jedem Päckchen sind zwei Aufgaben falsch.
Mit dem Zahlenblick findest du sie schnell. Rechne richtig.

a)	b)	c)
27 830 – 800 = 27 300	60 507 – 500 = 60 057	49 000 – 7 000 = 42 000
27 083 – 83 = 27 000	60 570 – 500 = 60 070	40 900 – 70 = 40 200
27 803 – 80 = 27 003	67 057 – 50 = 67 000	40 090 – 7 = 40 020

1

2 Im Kopf oder schriftlich? Wie geht es schneller? Entscheide bei jeder Aufgabe neu. Alle Ergebnisse haben die Quersumme 12.

a) 28 325 – 6 893
44 007 – 1 002
53 499 – 999
12 222 – 591

b) 83 150 – 50 000
99 052 – 46 939
58 111 – 13 000
92 815 – 51 493

c) 643 000 – 199 000
469 519 – 146 317
420 150 – 99 999
213 806 – 88 496

3

24 312 – 999

24 312 – 1 000, dann plus 1

a) 24 312 – 999
63 005 – 999
84 802 – 999

b) 46 500 – 9 999
98 416 – 9 999
20 000 – 9 999

c) 209 040 – 99 999
721 357 – 99 999
100 005 – 99 999

4 Schau genau hin. Dann kannst du diese Aufgaben im Kopf rechnen.

a) 47 624 + 20 000 – 7 624
47 624 + 2 000 – 24
47 624 + 20 000 – 624

b) 23 589 + 60 000 – 3 589
23 589 + 6 000 – 589
23 589 + 60 000 – 89

c) 32 641 – 641 + 50 000
32 641 – 2 641 + 50 000
32 641 – 41 + 5 000

5 Im Kopf oder schriftlich? Wie geht es schneller? Entscheide bei jeder Aufgabe neu. Alle Ergebnisse haben die Quersumme 16.

a) 21 024 – 758
79 899 – 899
20 005 – 999

b) 34 444 – 30 000
42 090 – 42 002
53 212 – 11 004

c) 777 416 – 533 194
950 089 – 950 001
359 997 – 153 791

6

a) Subtrahiere 564 289 von 984 289.

b) Subtrahiere 703 976 von 943 976.

c) Bilde die Differenz aus 57 788 und 57 088.

d) Subtrahiere 23 000 von 91 000. Subtrahiere dann vom Ergebnis 67 580.

e) Subtrahiere von 90 000 das Doppelte von 24 000.

1

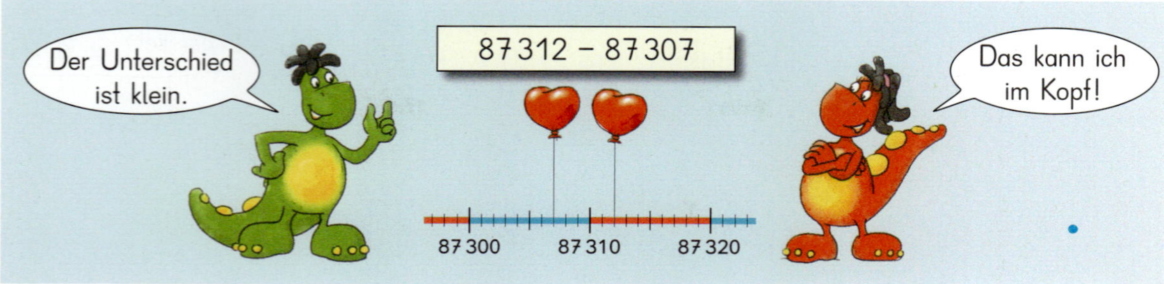

Mit dem Zahlenblick sind diese Aufgaben leicht.

a) 87 312 – 87 307
   87 308 – 87 304

b) 87 321 – 87 315
   87 329 – 87 322

c) 47 333 – 47 329
   47 337 – 47 334

d) 66 611 – 66 608
   91 282 – 91 278

2 Schau genau hin. Dann sind die Aufgaben leicht.

a) 300 001 – 299 999
   700 002 – 699 998

b) 800 004 – 799 998
   500 005 – 499 995

c) 1 000 001 – 999 999
   1 000 003 – 999 997

d) 660 002 – 659 999
   370 001 – 369 998

e) 164 003 – 163 997
   641 002 – 640 995

f) 345 803 – 345 798
   702 505 – 702 499

3

52000 – ☐ 1 ☐ ☐ ☐ = ____

4 3 5 0

Lege mit den Ziffernkarten eine fünfstellige Zahl.

a) Subtrahiere. Rechne sechs Aufgaben.

b) Mit welcher Zahl erhältst du die kleinste Differenz?

c) Mit welcher Zahl erhältst du die größte Differenz?

4

52790 – ☐ ☐ 6 ☐ ☐ = ____

1 4 0 9

Lege mit den Ziffernkarten eine fünfstellige Zahl.
Subtrahiere. Rechne immer vier Aufgaben.

a) Differenz unter 20 000

b) Differenz über 30 000

c) Die Differenz soll eine gerade Zahl sein.

5

a) 3 · 9
   6 · 8
   4 · 3

b) 5 · 7
   9 · 6
   4 · 4

c) 8 · 2
   0 · 3
   6 · 7

d) 7 · 9
   2 · 6
   8 · 3

e) 1 · 4
   7 · 7
   9 · 4

6

a) 57 182 · 10
   6 047 · 10
   37 170 · 10

b) 8 790 · 100
   1 254 · 100
   361 · 100

c) 617 · 1 000
   305 · 1 000
   30 · 1 000

d) 823 · 1 000
   823 · 100
   823 · 10

Nach dieser Seite empfiehlt sich Diagnosetest D5.

1 ABABA-Aufgaben:
Zahline wählt für die Buchstaben A und B die Ziffern 7 und 5.
Sie bildet die beiden Zahlen und subtrahiert sie.
Welches Ergebnis erhält sie?

A B A B A
− B A B A B
□ □ □ □ □

7 5

7 5 7 5 7
− 5 7 5 7 5

2 Bilde ABABA-Aufgaben mit diesen Ziffern.
Worauf musst du achten, damit du rechnen kannst?

a) 9 6 b) 8 1 c) 3 6 d) 2 8

3 Mit welchen Ziffern wurde hier gerechnet?

a)
7 □ 7 □ 7
− □ 7 □ □ □
□ □ □ □ 4

b)
□ 3 □ 3 □
− 3 □ 3 □ 3
□ □ □ □ 2

c)
□ 1 □ 1 □
− 1 □ 1 □ 1
□ □ □ 5 □

d)
4 □ 4 □ 4
− □ 4 □ 4 □
□ □ □ 8 □

4

a)
□ □ □ □ □
− □ □ 2 □ □
□ □ □ □ 5

b)
□ □ □ □ □
− □ □ □ □ 6
1 □ □ □ □

c)
□ □ □ □ 4
− □ □ □ □ □
2 □ □ □ □

d)
□ □ 4 □ □
− □ □ □ □ □
□ □ □ 1

5 Wähle Ziffern für die Buchstaben A und B und rechne die ABABA-Aufgabe.
a) Die Endziffer im Ergebnis soll 6 sein.
Wie viele Aufgaben findest du?
b) Die Endziffer im Ergebnis soll 4 sein.
Wie viele Aufgaben findest du?

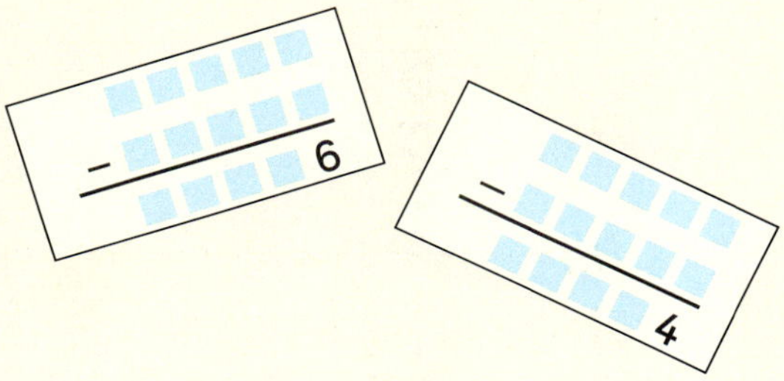

6 Wie heißt das kleinste Ergebnis? Es gibt acht ABABA-Aufgaben dazu.
Findet ihr alle Aufgaben?

7 a) Zahlix meint: „Das größte Ergebnis einer ABABA-Aufgabe ist 72 728."
Welche Ziffern für A und B musst du dafür wählen?
b) Zahline sagt: „Mein größtes Ergebnis einer ABABA-Aufgabe ist 81 819." Geht das?

8 Ihr habt viele ABABA-Aufgaben gerechnet. Schaut euch die Ergebnisse an.
Was fällt auf?

a) Die Summe der beiden letzten Ziffern im Ergebnis ist immer ___ .

b) Die Summe der beiden ersten Ziffern im Ergebnis ist immer ___ .

c) Im Ergebnis ist die Zahl aus den beiden ersten Ziffern immer eine Zahl aus der ___ er-Reihe.

Kopiervorlage auf DVD Digitale Lehrermaterialien 4 oder als kostenloser Download

1 Im Kopf, in Schritten oder schriftlich
a) 27 000 + 3 000
b) 56 307 + 7 855
c) 30 700 + 2 500
d) 65 200 + 265

2 Im Kopf, in Schritten oder schriftlich
a) 98 765 − 111
b) 75 000 − 4 000
c) 81 204 − 3 502
d) 45 300 − 1 300

3 Addieren mit Zahlenblick
a) 500 700 + 40 200
b) 50 070 + 40 200

4 Subtrahieren mit Zahlenblick
a) 1 000 000 − 20 000
b) 1 000 000 − 2 000

5 Zwei Ergebnisse sind falsch.
Rechne richtig. Der Überschlag hilft.
19 721 + 32 306 = 42 027
7 456 + 60 352 = 13 808
41 209 + 58 094 = 99 303

6 Zwei Ergebnisse sind falsch.
Rechne richtig. Der Zahlenblick hilft.
80 605 − 2 000 = 80 405
61 005 − 2 000 = 59 005
45 000 − 200 = 43 000

7
a) Addiere zu 55 555 das Doppelte von 202.
b) Bilde die Summe von 63 000 und 7 000. Subtrahiere davon 400.

8
a) Subtrahiere von 60 000 das Doppelte von 2 500.
b) Bilde die Differenz aus 51 000 und 21 000. Subtrahiere davon 50.

9

```
  A B A B A
− B A B A B
  _ _ 1 _ _
```

Finde passende Ziffern für A und B.

Findest du alle Möglichkeiten?

Kopiervorlage auf DVD Digitale Lehrermaterialien 4 oder als kostenloser Download

Kannst du das noch?

1 Welche Zahlen sind es?

a) 5 ZT + 3 T + 7 H + 4 Z
6 ZT + 4 H + 8 Z + 3 E
9 ZT + 5 T + 9 Z + 5 E

b) 20 H
34 H
45 Z
50 Z

c) 16 ZT
63 ZT
10 HT
20 HT

2 3 0 8 5 2 6

a) Bilde aus den Ziffernkarten drei verschiedene fünfstellige Zahlen.

b) Wie heißt die größte vierstellige Zahl, die du bilden kannst?

c) Wie heißt die kleinste sechsstellige Zahl, die du bilden kannst?

3 a) Runde auf Hunderter.
6 291 99 819 460 249

b) Runde auf Tausender.
5 869 27 509 507 425

c) Runde auf Zehntausender.
89 006 61 324 973 677

4 a) 350 · 10
350 · 100
350 · 1 000

b) 1 025 · 10
1 025 · 100
1 025 · 1 000

c) 20 000 : 10
20 000 : 100
20 000 : 1 000

d) 105 000 : 10
105 000 : 100
105 000 : 1 000

5 Kilogramm und Gramm
Schreibe in Kommaschreibweise.

a) 3 kg 175 g
2 kg 75 g

b) 5 345 g
9 025 g

c) 700 g
40 g

d) $\frac{1}{2}$ kg
$\frac{3}{4}$ kg

6 Tonne und Kilogramm

a) Schreibe in Kommaschreibweise.
1 t 273 kg 3 250 kg $2\frac{1}{2}$ t

b) Ordne nach der Größe.
Beginne mit dem kleinsten Gewicht.
2,4 t 2 050 kg $2\frac{1}{2}$ t 2,025 t

7

Schreibe Frage (F), Lösung (L) und Antwort (A) auf.

a) Am 13. Mai besuchte die Regenbogenschule den Tierpark. 200 Kinder und 20 Erwachsene hatten viel Spaß.

b) Am 25. Oktober hat der Tierpark 525 € durch den Verkauf von Familienkarten eingenommen.

1

Wie viele Zahlen im Sack haben die Quersumme 2?

A: 4 B: 6 C: 9 D: 10

2

Sven möchte Erdnüsse kaufen.
Er kann zwischen vier Dosen wählen.
Welches Angebot ist das günstigste?
Tipp: Berechne den Preis für 1 kg.

A	B	C	D

100 g	250 g	1 000 g	2 kg
70 ct	1,50 €	5 €	9 €

3

Lotte, Isa und Paul wohnen in einer langen Straße.
Lotte wohnt im 18. Haus, Isa im 52. Haus.
Paul wohnt im Haus in der Mitte zwischen Lotte und Isa.

Im wievielten Haus wohnt Paul?

A: 34. B: 35. C: 36. D: 70.

4

Wie viele zweistellige Zahlen gibt es, bei denen die Einer-Ziffer größer ist als die Zehner-Ziffer?

A: 36 B: 50 C: 55 D: 65

5

Wie viel Gramm sind eine Tonne?

A: 1 000 B: 10 000
C: 100 000 D: 1 000 000

6

Welche Würfelgebäude sind gleich?

A B C D

Körper

1 Diese Körper kennst du schon. Wie heißen sie? Ordne die Namen den Körpern zu.

A B C D E F

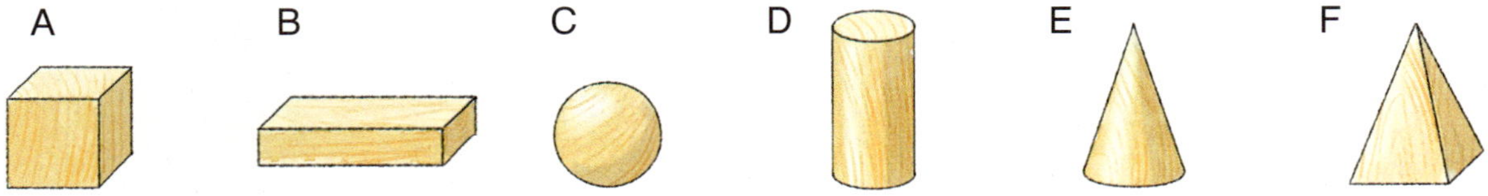

Zylinder | Würfel | Kegel | Kugel | Pyramide | Quader

2 Körperrätsel. Welcher Körper kann es sein?

a)

b)

c)

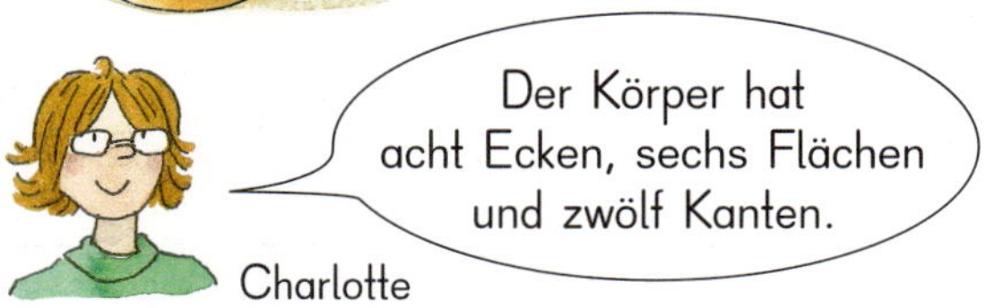

d)

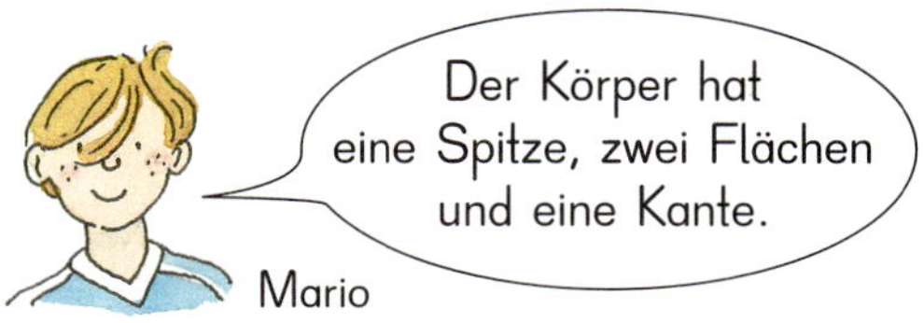

3 Wahr oder falsch?

a) Alle Kanten eines Würfels sind gleich lang.

b) Alle Kanten eines Zylinders sind gleich lang.

c) Ein Würfel und eine Pyramide sehen von unten gleich aus.

d) Eine Pyramide und ein Kegel sehen von unten gleich aus.

e) Ein Kegel kann rollen und fest stehen.

f) Eine Pyramide kann rollen und fest stehen.

4 Überlege dir weitere „wahr oder falsch"-Sätze. Dein Partner entscheidet: wahr oder falsch?

5 Überlegt gemeinsam: Was wäre, wenn …

a)

... ein Schulranzen so aussehen würde?

b)

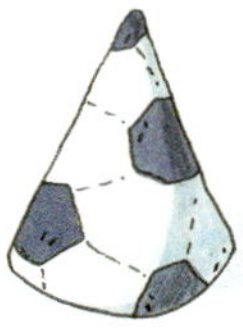

... ein Fussball so aussehen würde?

c)

... ein Bücherregal so aussehen würde?

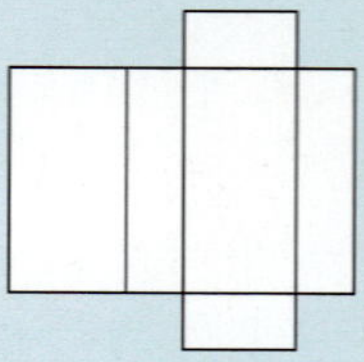

1 Nur eins der beiden Netze ist ein Quadernetz. Welches?

a) Zeichne die Netze auf kariertes Papier.

b) Schneide die Netze aus und prüfe, ob durch Zusammenfalten ein Quader entsteht.

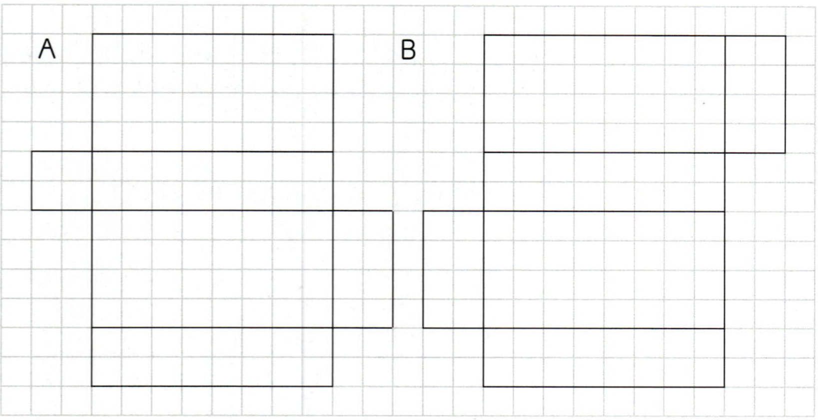

2 a) Zeichne die Quadernetze auf kariertes Papier.

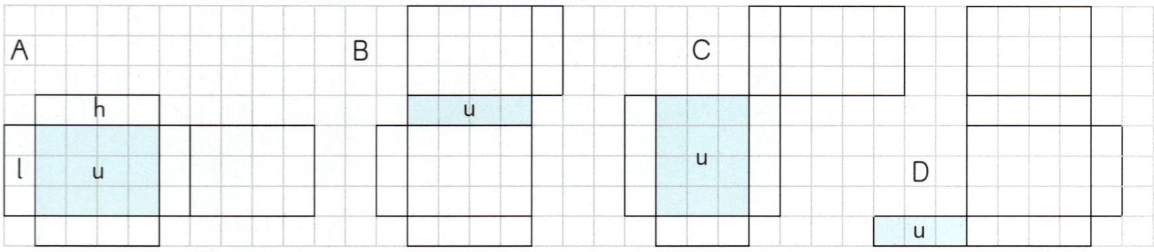

b) Falte die Quadernetze in Gedanken zu einem Quader.
Die blaue Fläche liegt unten (u). Wo liegen die anderen Flächen?
Beschrifte so: vorne (v), links (l), oben (o), hinten (h), rechts (r).

c) Färbe die Flächen, die sich gegenüber liegen, in derselben Farbe.

3 Welche Netze sind Quadernetze? Falte in Gedanken.

A

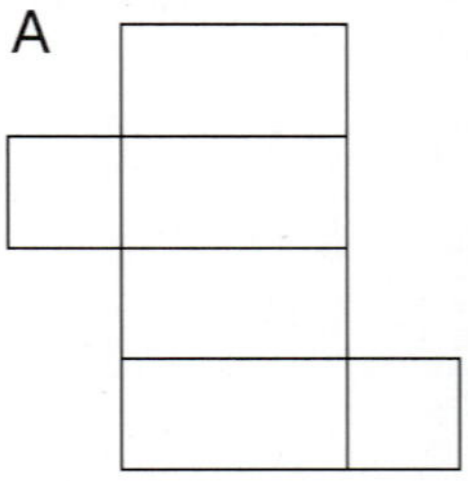

B

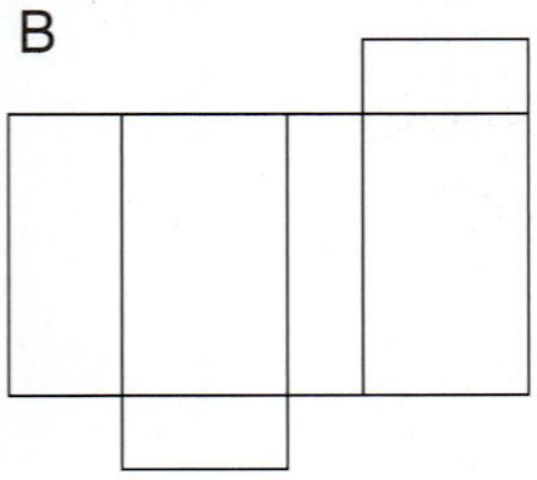

C

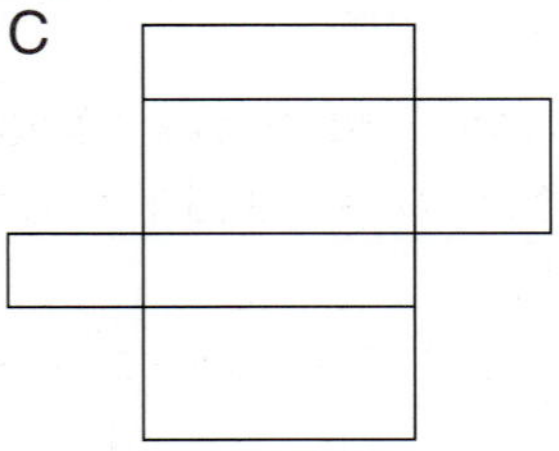

D

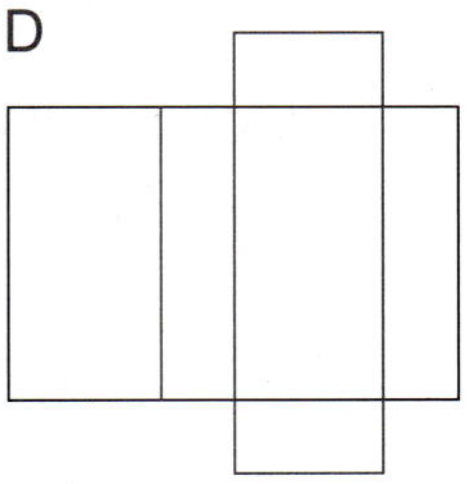

4 Auch das sind Körpernetze.
Welche geometrischen Körper entstehen durch Zusammenfalten?

a)

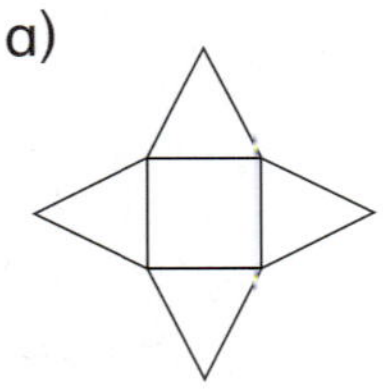

b)

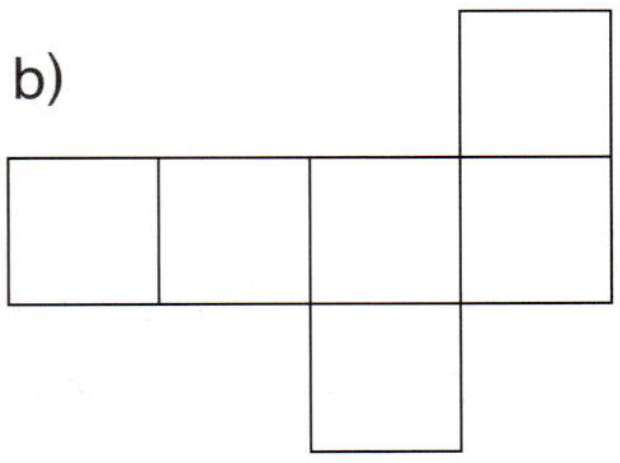

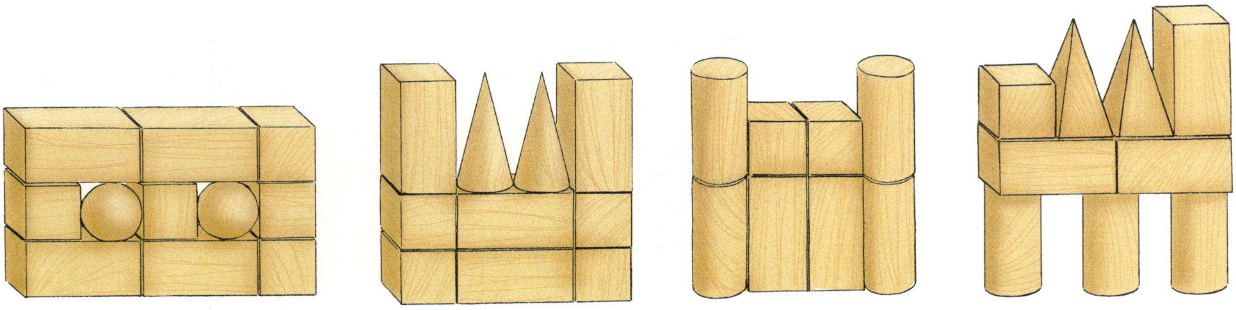

Levi Magda Lara Oskar

1 Die Kinder haben mit Körpern gebaut. Sie beschreiben ihr Bauwerk.
a) Welches Kind beschreibt sein Bauwerk so?

A
Mein Bauwerk besteht aus neun Quadern. Fünf davon sind Würfel. In der Mitte sind noch zwei Kugeln.

B
Mein Bauwerk besteht aus vier Quadern. Zwei davon sind Würfel. Es gibt noch vier Zylinder.

C
Mein Bauwerk besteht aus vier Quadern. Einer davon ist ein Würfel. Es gibt noch drei Zylinder und zwei Pyramiden.

b) Ein Bauwerk fehlt. Beschreibe es.

2 Die Kinder zeichnen die Bauwerke von oben betrachtet.
a) Welches Kind hat so gezeichnet?

A 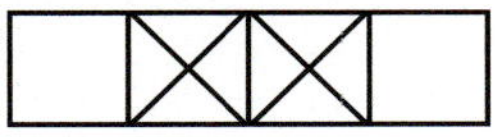

B 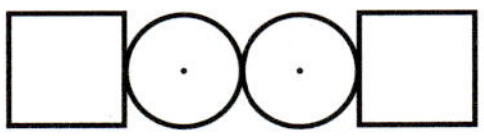

C 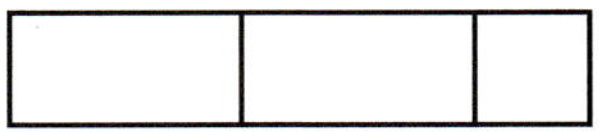

b) Ein Bauwerk fehlt. Zeichne das Bauwerk von oben betrachtet.

3 Die Kinder zeichnen die Bauwerke von rechts betrachtet.
a) Welches Kind hat so gezeichnet?
b) Ein Bauwerk fehlt. Zeichne das Bauwerk von rechts betrachtet.

A 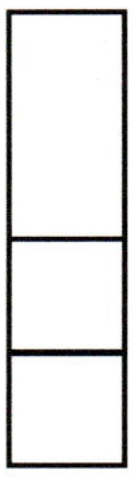

B 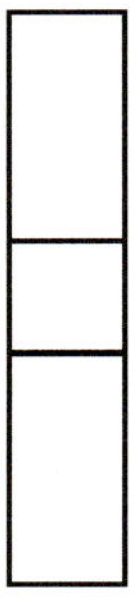

C 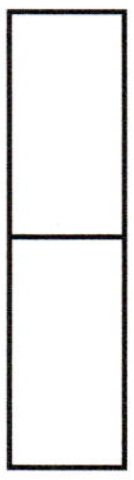

4 Auch Paulina hat gebaut.
a) Beschreibe ihr Bauwerk.
b) Zeichne es von oben betrachtet.
c) Zeichne es von rechts betrachtet.
d) Zeichne es von links betrachtet.

Paulina

5 Ahmed hat in Paulinas Bauwerk die Pyramiden durch Kegel ersetzt.
a) Zeichne sein Bauwerk von oben betrachtet.
b) Zeichne sein Bauwerk von rechts betrachtet.
c) Zeichne sein Bauwerk von links betrachtet.

Ahmed

Würfel übereinander bilden einen Turm.

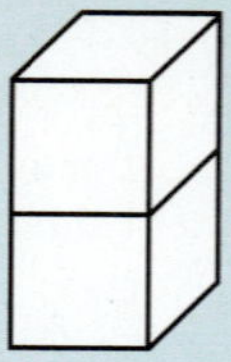

Würfel nebeneinander oder hintereinander bilden eine Reihe.

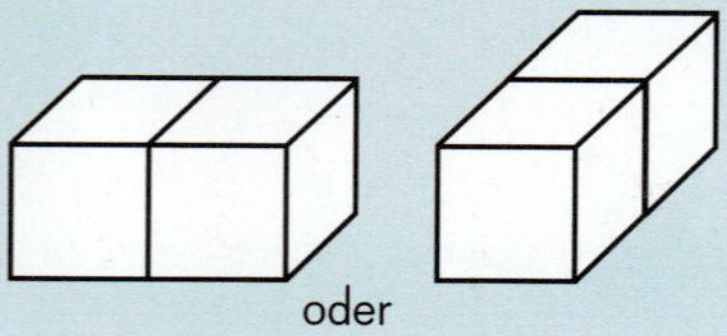

Würfel hintereinander und nebeneinander bilden eine Schicht.

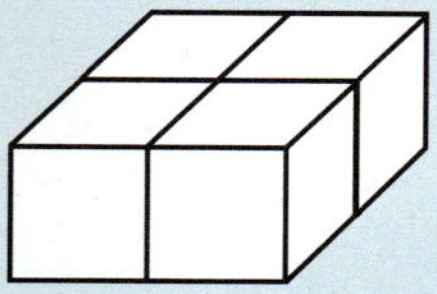

1 Zeichne einen Würfel.

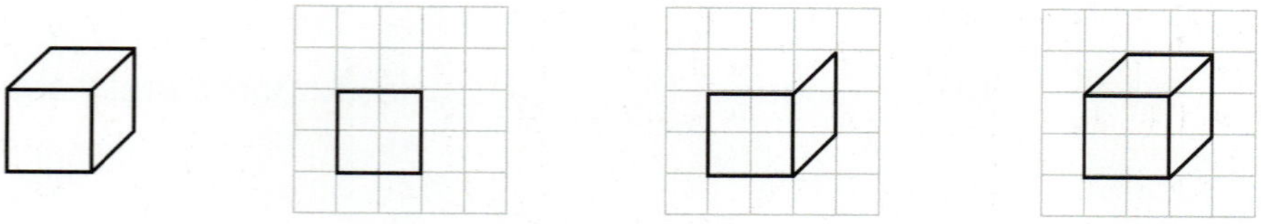

Zeichne zuerst die Fläche, die zu dir zeigt, dann die Seitenfläche, dann die Dachfläche.

2 Zeichne einen Turm.

a) b)

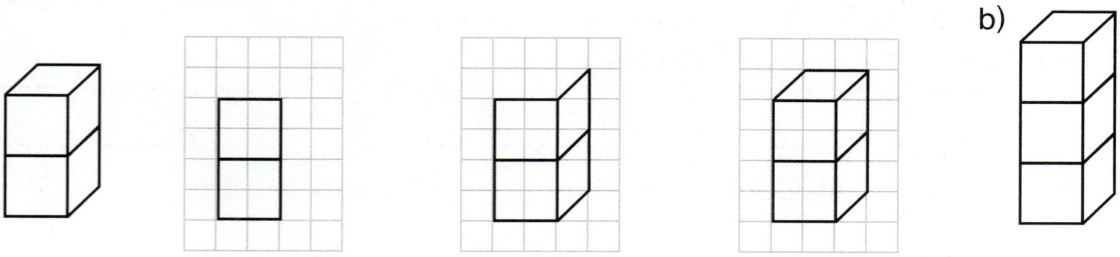

3 Zeichne eine Reihe.

a) b)

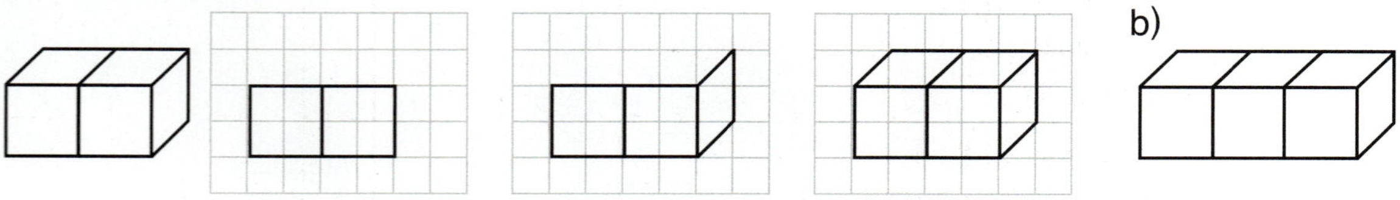

c) d)

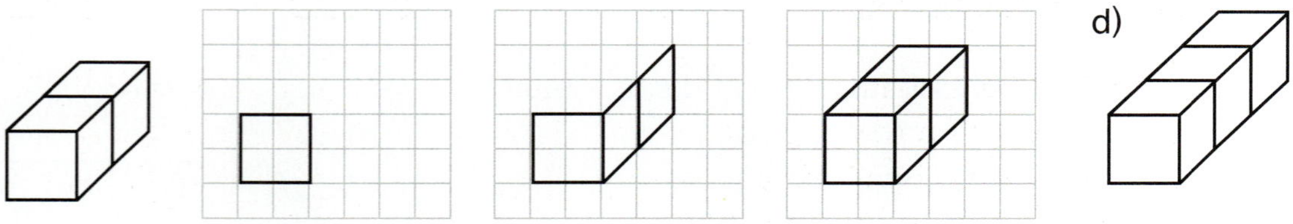

4 Zeichne eine Schicht.

a)

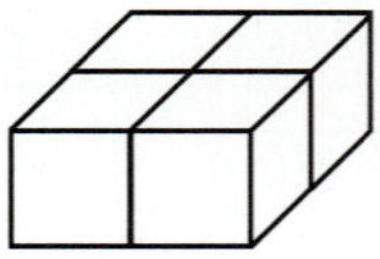

b) aus sechs kleinen Würfeln

c) aus zwölf kleinen Würfeln

1 Aus wie vielen Würfeln besteht dieser Quader?
Wie haben die Kinder gerechnet?

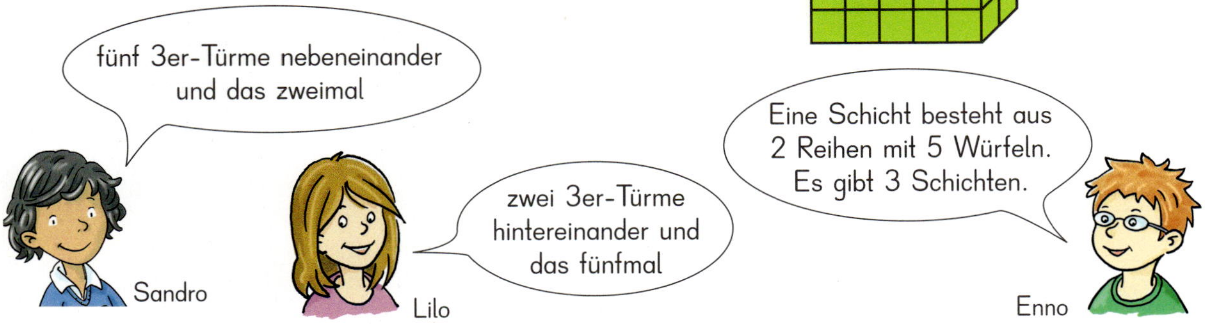

2 Aus wie vielen Würfeln besteht der Quader? Beschreibe, wie du gerechnet hast.

a)

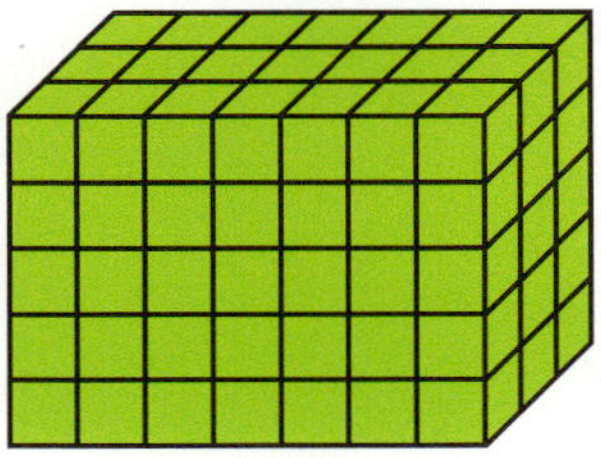

b)

c)

3 Tom möchte die Kiste mit kleinen Würfeln füllen. Wie viele Würfel passen hinein?

a)

b)

c)

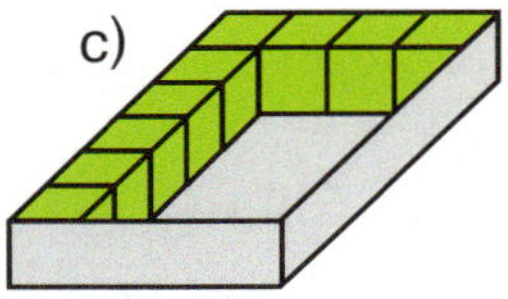

d)

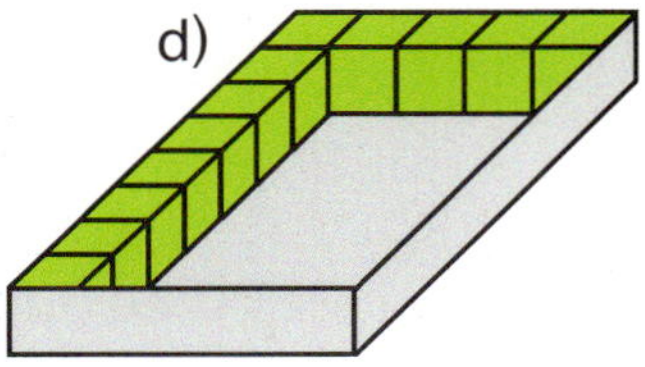

4 Wie viele kleine Würfel passen in die Kiste?

a)

b)

c)

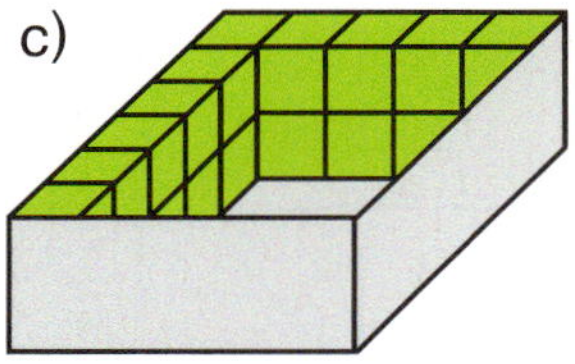

5 Wie viele kleine Würfel passen in diese Kisten?

a)

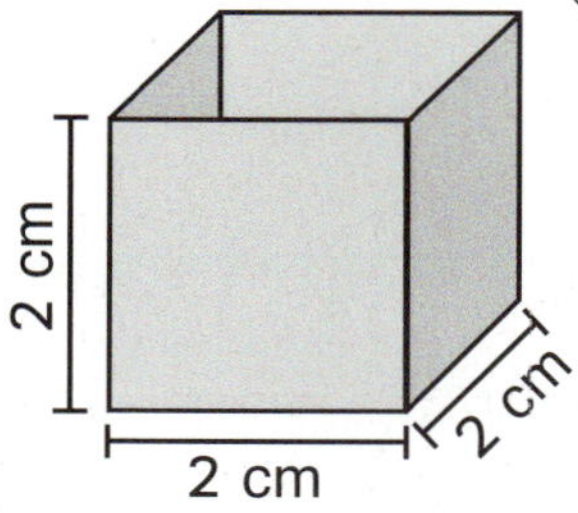

b)

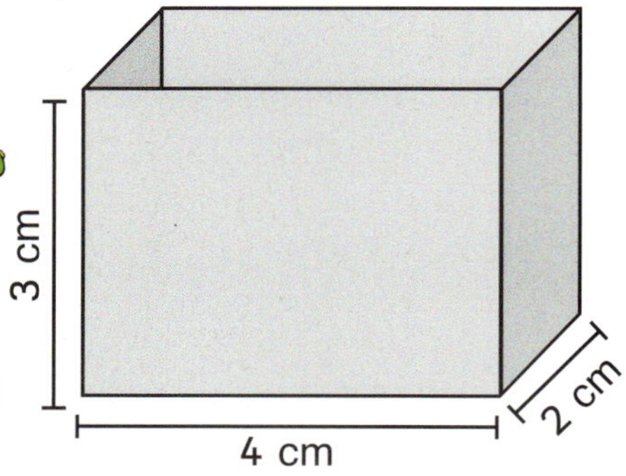

Nach dieser Seite empfiehlt sich Diagnosetest D6.

1 A

B

C
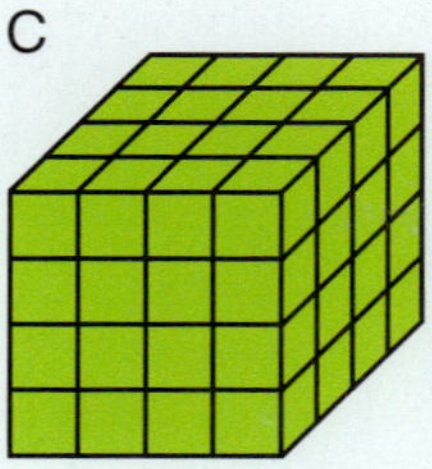
D

a) Große Würfel aus kleinen Würfeln:
Wie viele kleine Würfel sind es?
Schreibe zu jedem großen Würfel eine Mal-Aufgabe.

A:	2	·	2	·	2	=	8	

b) Wie viele kleine Würfel hat der nächste große Würfel E?

c) Gibt es einen großen Würfel aus 1 000 kleinen Würfeln?

2 A

B

C

D

a) Hier wurde von den großen Würfeln etwas weggenommen.
Wie viele kleine Würfel sind es noch?
Schreibe zu jedem Würfelgebäude eine Aufgabe wie im Beispiel.

A:	2	·	2	·	2	−	2	=	6
B:	3	·	3	·	3	−	3	=	

b) Wie viele kleine Würfel hat das nächste Würfelgebäude E?

3 A

B

C

a) Quader aus kleinen Würfeln.
Wie viele kleine Würfel sind es?
Schreibe zu jedem Quader eine Aufgabe.

A:	1	·	2	·	3	=	6
B:	2	·	3	·	4	=	

b) Wie viele kleine Würfel haben die nächsten beiden Quader D und E?

c) Gibt es einen Quader aus 990 kleinen Würfeln?

4 a) Vergleiche die Ergebnisse in Aufgabe 2 und Aufgabe 3. Was stellst du fest?

b) Tim sagt: „Das ist doch klar. Ich kann aus dem Würfelgebäude C von Aufgabe 2 leicht den Quader C von Aufgabe 3 machen. Das geht auch bei den anderen so.“
Was meint er?

Flexibles Multiplizieren und Dividieren

... im Kopf

7 · 30

... mit Zahlenblick

3 · 19

5 · 49	5 · 4 Z	4 · 78	4 · 25
8 · 90	8 · 37	7 · 99	3 · 39
6 · 74	6 · 29	7 · 9	9 · 46

... in Schritten

3 · 24

3 · 24 =
3 · 20 = 60
3 · 4 = 12

1 Löse die Aufgaben auf den Plakaten.

2 Sortiere die Karten. Dann rechne.

3 Finde weitere passende Aufgaben zu den Plakaten.

4 Multiplizieren mit 10, mit 100 und mit 1 000 ist leicht.

a)	b)	c)	d)
515 · 10	400 · 100	731 · 100	500 · 1 000
637 · 10	600 · 100	244 · 100	900 · 1 000
459 · 10	800 · 100	569 · 100	310 · 1 000

1 Alles mal 6. Setze fort.

HT	ZT	T	H	Z	E
					7
				7	0
			7	0	0
		7	0	0	0
	7	0	0	0	0

$\cdot 6 \rightarrow$

HT	ZT	T	H	Z	E
				4	2
			4	2	0
		4	2	0	0

2 Nutze zum Lösen die Stellentafel.

a) 6 · 8
60 · 8
600 · 8
6 000 · 8
60 000 · 8

b) 9 · 4
90 · 4
900 · 4
9 000 · 4
90 000 · 4

c) 7 · 5
70 · 5
700 · 5
7 000 · 5
70 000 · 5

d) 8 · 9
80 · 9
800 · 9
8 000 · 9
80 000 · 9

3
a) 4 · 8 000
4 · 800
4 · 8

b) 9 · 9 000
9 · 900
9 · 90

c) 3 · 6 000
3 · 600
3 · 6

d) 5 000 · 5
500 · 5
50 · 5

e) 7 000 · 8
700 · 8
70 · 8

4
a) 90 000 · 2
90 · 2
9 000 · 2

b) 30 000 · 5
3 000 · 5
300 · 5

c) 9 · 40 000
9 · 400
9 · 4 000

d) 6 · 70 000
6 · 7 000
6 · 70

5 Wie rechnest du?

a) 4 · 10 · 6
4 · 100 · 6
4 · 1 000 · 6

b) 10 · 6 · 10
10 · 6 · 100
10 · 6 · 1 000

c) 3 · 100 · 4
3 · 10 · 4
3 · 1 000 · 4

d) 100 · 7 · 10
100 · 7 · 100
100 · 7 · 1 000

6
a) Bilde das Produkt aus 6 000 und 9.

b) Bilde das Produkt aus 7 und 900.

c) Bilde das Produkt aus 90 000 und 2.

d) Bilde das Produkt aus 600 und 7. Subtrahiere 60.

e) Bilde das Produkt aus 800 und 3. Addiere das Produkt aus 70 und 3.

f) Bilde das Produkt aus 9 und 8 000. Addiere das Produkt aus 3 und 5.

g) Schreibe ein eigenes Zahlenrätsel.

7 Denke daran: Punktrechnung vor Strichrechnung

a) 900 + 13 · 1 000
600 + 31 · 1 000

b) 300 + 640 · 100
900 + 870 · 100

c) 100 000 – 480 · 100
100 000 – 270 · 100

13 900 31 600 48 000 52 000 64 300 73 000 87 900

8
a) 40 + 1 000 · 500
40 · 1 000 + 500

b) 30 000 – 10 · 200
30 000 · 10 – 200

c) 500 000 : 1 000 – 100
500 000 – 1 000 : 100

400 28 000 40 500 50 400 299 800 499 990 500 040

Multiplizieren mit Zehnern und Hundertern

1

40 · 600

40 —·6→ 240 —·100→ 24 000
Tim

40 —·100→ 4 000 —·6→ 24 000
Eva

40 · 600
= 4 · 10 · 6 · 100
= 4 · 6 · 10 · 100
= 24 · 1 000
= 24 000
Jana

40 · 600 = 24 000

2

a)	b)	c)	d)	e)
30 · 700	70 · 500	400 · 90	300 · 80	800 · 70
50 · 300	20 · 900	700 · 70	700 · 40	900 · 30

3

a)	b)	c)	d)	e)
70 · 2 000	20 · 6 000	3 000 · 20	6 000 · 60	2 000 · 90
60 · 4 000	30 · 6 000	5 000 · 50	3 000 · 30	9 000 · 70

4

a)	b)	c)	d)	e)
200 · 300	400 · 600	700 · 600	900 · 400	200 · 800
500 · 700	300 · 300	800 · 700	500 · 900	400 · 300

5

40 · 500 = 2 000

Hier hat Zahline falsch gerechnet.
Begründe. Rechne richtig.

6

a)	b)	c)	d)
80 · 500	40 · 5 000	200 · 5 000	200 · 50 000
60 · 500	50 · 8 000	500 · 2 000	500 · 40 000

7 Denke daran: Punktrechnung vor Strichrechnung.
Die Summe der drei Ergebnisse ist 1 Million.

a)	b)
20 · 7 000 – 50 · 800	90 · 9 000 – 300 · 700
70 · 6 000 – 40 · 500	60 · 6 000 – 400 · 400
60 · 9 000 – 80 · 500	70 · 8 000 – 900 · 400

20 · 7 000 – 50 · 800 =
140 000 – 40 000 =

8

a) Bilde das Produkt aus 60 und 70.
Bilde das Produkt aus 60 und 30.
Addiere die beiden Ergebnisse.

b) Bilde das Produkt aus 30 und 200.
Bilde das Produkt aus 30 und 800.
Addiere die beiden Ergebnisse.

c) Bilde das Produkt aus 40 und 700. Bilde das Produkt aus 40 und 200.
Subtrahiere die beiden Produkte.
Kannst du zu dem Ergebnis eine Multiplikationsaufgabe mit 40 bilden?

d) Schreibe ein eigenes Zahlenrätsel.

9

a)	b)	c)	d)	e)
5 · 49	6 · 99	8 · 29	99 · 7	19 · 6
7 · 49	3 · 99	4 · 29	99 · 5	19 · 8

114 116 152 232 245 297 343 397 495 594 693

10

a)	b)	c)	d)	e)
3 · 199	5 · 299	2 · 499	199 · 4	399 · 6
6 · 199	7 · 299	8 · 499	199 · 9	399 · 3

597 796 998 1 194 1 197 1 495 1 791 2 039 2 093 2 394 3 992

1

Wenn es im Kopf zu schwer wird, schreibe es auf.

a)	3	·	7	0	4	0	=					
	3	·	7	0	0	0	=	2	1	0	0	0
	3	·			4	0	=			1	2	0

a) 3 · 7 040
3 · 8 060
9 · 4 010

b) 7 · 4 005
8 · 5 003
4 · 6 009

2 Schau genau hin.

a) 4 · 6 008
4 · 6 080

b) 8 · 3 090
3 · 7 008

c) 6 · 4 070
8 · 6 004

d) 7 · 406
9 · 808

2 842 7 272 21 024 24 032 24 320 24 420 24 720 42 032 48 032

3 a) 70 · 3 009
70 · 3 030

b) 50 · 5 004
90 · 2 007

c) 90 · 6 060
30 · 7 007

d) 60 · 509
30 · 810

21 021 24 300 30 540 180 630 210 210 210 630 212 100 250 200 545 400

4

4 · 10 000, dann 4 · 1 weniger

4 · 9 999

a) 4 · 9 999
7 · 9 999
8 · 9 999

b) 2 · 3 999
4 · 2 999
6 · 4 999

5

60 · 10 000, dann 60 · 1 weniger

60 · 9 999

a) 60 · 9 999
40 · 9 999
70 · 9 999

b) 30 · 29 999
40 · 19 999
20 · 49 999

6 a) 2 · 5 999
3 · 4 006

b) 40 · 8 002
70 · 1 999

c) 90 · 202
30 · 609

d) 6 · 408
2 · 799

e) 40 · 602
50 · 409

1 598 2 448 11 998 12 018 18 180 18 270 20 450 24 080 139 930 152 000 320 080

7 Fehlerforscher. Diese Aufgaben sind falsch gerechnet.
Begründe mit Hilfe der Wortkarten.

zu viele Nullen

Null vergessen

Tipp für die 9 nicht richtig beachtet

a) 50 · 300 = 150 000
b) 4 · 4 999 = 20 000
c) 40 · 5 000 = 20 000
d) 80 · 500 = 400 000
e) 60 · 5 000 = 30 000
f) 30 · 2 999 = 89 997

8 a) 36 : 6
24 : 3

b) 81 : 9
35 : 7

c) 18 : 2
64 : 8

d) 40 : 5
63 : 7

e) 24 : 4
30 : 3

9 a) 27 : 9
30 : 6

b) 80 : 8
42 : 7

c) 21 : 3
28 : 7

d) 48 : 8
16 : 4

e) 14 : 2
25 : 5

10 a) 385 600 : 10
72 590 : 10
105 000 : 10

b) 543 000 : 100
297 400 : 100
13 800 : 100

c) 970 000 : 1 000
200 000 : 1 000
18 000 : 1 000

d) 830 000 : 1 000
830 000 : 100
830 000 : 10

Dividieren durch Einer

1

HT	ZT	T	H	Z	E
				3	2
			3	2	0
		3	2	0	0
	3	2	0	0	0
3	2	0	0	0	0

: 4 →

HT	ZT	T	H	Z	E
					8
				8	0
			8	0	0

2 Nutze zum Lösen die Stellentafel.

a) 18 : 3
180 : 3
1 800 : 3
18 000 : 3
180 000 : 3

b) 72 : 9
720 : 9
7 200 : 9
72 000 : 9
720 000 : 9

c) 56 : 8
560 : 8
5 600 : 8
56 000 : 8
560 000 : 8

d) 48 : 6
480 : 6
4 800 : 6
48 000 : 6
480 000 : 6

3

a) 240 000 : 6
6 300 : 7
450 : 5

b) 270 000 : 3
36 000 : 6
420 : 7

c) 400 000 : 8
90 000 : 3
2 000 : 4

d) 350 000 : 5
360 : 6
64 000 : 8

4

a) 12 030 : 6 =
12 000 : 6 = 2 000
30 : 6 = 5

a) 12 030 : 6
25 020 : 5
27 063 : 3

b) 1 208 : 2
4 509 : 9
1 414 : 7

5 Schau genau hin.

a) 60 009 : 3
60 090 : 3

b) 90 003 : 3
93 000 : 3

c) 40 020 : 2
40 200 : 2

d) 22 008 : 2
20 028 : 2

10 014 11 004 20 003 20 010 20 020 20 030 20 100 30 001 31 000

6

a) 12 003 : 3
12 030 : 3

b) 16 008 : 4
16 016 : 4

c) 35 007 : 7
35 077 : 7

d) 66 006 : 6
66 036 : 6

4 001 4 002 4 004 4 006 4 010 5 001 5 011 11 001 11 006

7

a) 50 100 : 5
60 300 : 3

b) 20 300 : 5
20 500 : 2

c) 36 300 : 6
40 100 : 5

d) 40 800 : 8
24 400 : 4

4 060 5 100 6 050 6 100 8 020 8 040 10 020 10 250 20 100

8

a) 240 030 : 3
240 300 : 6

b) 240 040 : 8
240 040 : 4

c) 200 150 : 5
200 016 : 4

d) 540 054 : 9
300 600 : 3

30 005 40 030 40 050 50 004 50 010 60 006 60 010 80 010 100 200

9

a) Berechne den sechsten Teil. Die Summe der drei Ergebnisse ist 66 550.
b) Berechne den dritten Teil. Die Summe der drei Ergebnisse ist 133 100.

36 000 60 300 303 000

Dividieren durch Zehner und Hunderter

1

24 000 : 600

24 000 $\xrightarrow{:6}$ 4 000 $\xrightarrow{:100}$ 40
Tom

24 000 $\xrightarrow{:100}$ 240 $\xrightarrow{:6}$ 40
Lina

24 000 : 600 = 40

2
a) 18 000 : 600
32 000 : 400

b) 3 600 : 900
4 500 : 500

c) 120 000 : 200
350 000 : 700

d) 280 000 : 700
560 000 : 800

3
a) 1 600 : 40
2 400 : 30

b) 1 600 : 20
6 000 : 30

c) 21 000 : 70
60 000 : 20

d) 400 000 : 50
800 000 : 40

4
a) 42 000 : 70
42 000 : 700

b) 35 000 : 50
35 000 : 500

c) 12 000 : 6 000
48 000 : 8 000

d) 560 000 : 8 000
560 000 : 7 000

5

10 000 : 50 = 2 000

Hier hat Zahlix falsch gerechnet.
Begründe. Rechne richtig.

6
a) 10 000 : 50
20 000 : 40

b) 3 000 : 60
2 000 : 50

c) 100 000 : 200
300 000 : 500

d) 20 000 : 400
30 000 : 600

7 Denke daran: Punktrechnung vor Strichrechnung.
Die Summe der drei Ergebnisse ist 1 000.

a) 40 000 : 50 – 6 000 : 30
32 000 : 80 – 2 400 : 20
18 000 : 90 – 5 600 : 70

b) 250 000 : 500 – 30 000 : 600
140 000 : 700 – 63 000 : 900
450 000 : 900 – 64 000 : 800

40 000 : 50 – 6 000 : 30 =
800 – 200 =

8 Alle Ergebnisse haben die Quersumme 9.

a) Bilde den Quotienten aus 54 000 und 6.

b) Bilde den Quotienten aus 2 106 und 3.

c) Bilde den Quotienten aus 42 000 und 7. Subtrahiere 600.

d) Bilde den Quotienten aus 18 000 und 6. Addiere 10 500.

e) Bilde den Quotienten aus 24 000 und 400. Bilde den Quotienten aus 3 600 und 600. Subtrahiere die beiden Quotienten.

f) Dividiere die Summe aus 2200 und 1400 durch 600. Dividiere das Produkt aus 60 und 400 durch 800. Addiere die beiden Quotienten.

Das Ergebnis einer Divisionsaufgabe heißt Quotient.
36 000 : 6 = 6 000

Nach dieser Seite empfiehlt sich Diagnosetest D7.

Fermi-Aufgabe: Unser Herz

Wie oft schlägt das Herz eines Kindes an einem Tag?

Tipp 1
Ertaste deinen Pulsschlag und berechne die Pulsschläge pro Minute.

Tipp 2
Überlege, wie viele Minuten ein Tag hat.

1 Wie oft schlägt das Herz eines Kindes in einer Minute?

Jedes Mal, wenn das Herz schlägt, pumpt es das Blut kraftvoll durch die Adern. Das nennt man Pulsschlag.
Den Pulsschlag kann man mit sanftem Druck am Handgelenk oder an der Halsschlagader ertasten.

so 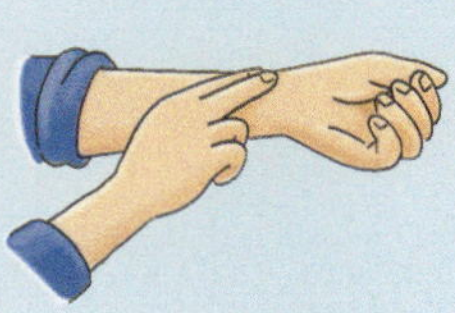 oder so: 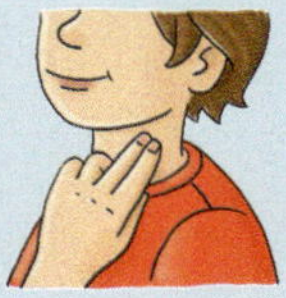

	Pulsschläge in 15 s	Pulsschläge in 1 min
Fatma	23	
Annika	25	
Kerem	27	

2 Wie oft schlägt das Herz eines Kindes an einem Tag?
Es gibt verschiedene Lösungswege. Wie rechnest du?

Zeit	Pulsschläge
1 min	100
60 min	
4 h	
20 h	

Stunden	Minuten
1	60
4	
20	

3 Lilo meint: „In einer Woche schlägt das Herz ungefähr 1 Million Mal."
Stimmt das?

Fermi-Aufgabe: Offene Sachsituation. Kinder sammeln Daten, gehen eigene Lösungswege und können zu individuellen Ergebnissen kommen.

1 Multiplizieren mit Einern

a) 6 · 30 000
6 · 300

b) 80 000 · 7
8 000 · 7

2 Dividieren durch Einer

a) 240 000 : 6
360 000 : 6

b) 35 000 : 5
4 200 : 7

3 Wie rechnest du?

a) 2 · 100 · 5
10 · 8 · 100

b) 5 · 10 · 3
100 · 6 · 100

4 Schau genau hin.

a) 60 008 : 2
12 004 : 4

b) 36 600 : 3
24 060 : 6

5 Multiplizieren mit Zehnern und Hundertern

a) 30 · 400
20 · 800

b) 9 000 · 30
7 000 · 60

6 Dividieren durch Zehner und Hunderter

a) 560 000 : 70
18 000 : 60

b) 32 000 : 800
40 000 : 500

7 Tipp für die 9

a) 2 · 9 999
3 · 9 999

b) 30 · 2 999
20 · 3 999

8 Punktrechnung vor Strichrechnung

a) 40 · 8 000 – 300 · 600
b) 270 000 : 900 – 3 500 : 50

9 Bilde das Produkt aus 900 und 4.
Addiere das Produkt aus 80 und 5

10 Bilde den Quotienten aus 32 000 und 8.
Subtrahiere den Quotienten aus 120 000 und 40.

11

Längen

1

Schulwechsel nach der Grundschule – neue Schulwege:

a) Wer hat den weitesten Schulweg? Wer hat den kürzesten Schulweg?

b) Welche Kinder müssen weniger als einen Kilometer gehen?

!

1 km = 1 000 m $\qquad$ $\frac{1}{2}$ km = 500 m $\qquad$ $1\frac{1}{2}$ km = 1 500 m

2 a) Hier sind die Schulwege der Kinder dargestellt.
Ordne die Buchstaben den Kindern zu.

b) Es bleiben Buchstaben übrig. Schreibe dazu eine passende Länge.

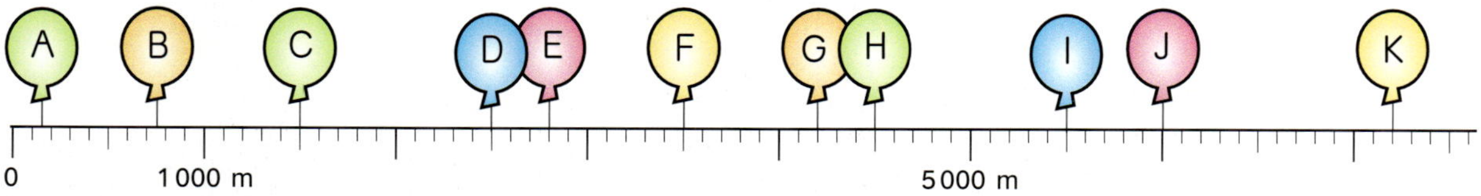

3 Welche Längen sind es? Schreibe in Meter. a) C 1 5 0 0 m, D

a) zwischen 1 km und 3 km

b) zwischen 3 km und 5 km

c) mehr als 5 km

1

Kilometer	Meter		
km	100 m	10 m	1 m
3	2	5	7

2 Lies die Kilometerangaben auf den Tachos und trage sie in die Tabelle ein.

a) 3,750 km b) 3,800 km c) 3,025 km

d) 3,105 km e) 3,010 km f) 3,007 km

	km		m	
a)	3	7	5	0

3 Schreibe auf drei Weisen. a) 2,075 km = 2 km 75 m = 2075 m

a) 2,075 km b) 2 km 58 m c) 4 030 m d) 0,730 km

e) 1,004 km f) 2 km 9 m g) 3 005 m h) 0,094 km

4 Viele Tachos zeigen nicht alle Stellen hinter dem Komma.

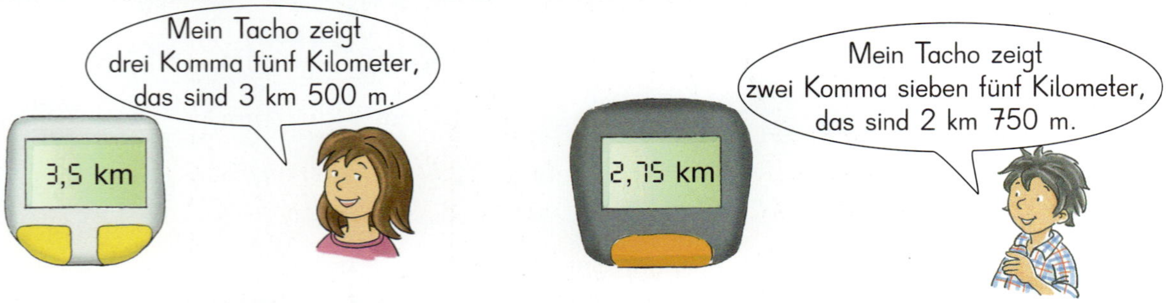

Schreibe auf drei Weisen. a) 3,5 km = 3 km 500 m = 3500 m

a) 3,5 km b) 2,75 km c) 3,25 km d) 3,05 km e) 0,9 km f) 1,09 km

5 Schreibe in Kommaschreibweise. Dann lies vor.

a)	b)	c)
5 km 700 m	2 380 m	4 500 m
5 km 70 m	5 080 m	300 m
5 km 7 m	9 004 m	70 m

6 Ordne nach der Länge. Beginne mit der kleinsten Länge.

a) 9 km 900 m 99 km 99 m

b) 8,88 km 808 m 8,8 km 80 m

c) 3,7 km 370 m 37 km 3 ½ km

d) 4,05 km 45 km 4,5 km 450 m

1 km = 1 000 m ½ km = 0,5 km = 500 m 1 ½ km = 1,5 km = 1 500 m

Kommaschreibweise bei verschiedenen Längen

1 Setze ein: Kilometer (km), Meter (m), Zentimeter (cm) oder Milimeter (mm).

a)

b)
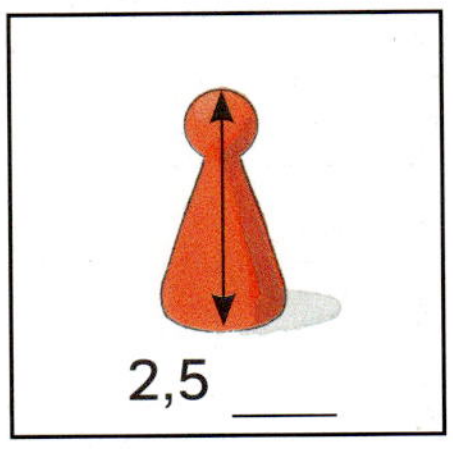

c)

d)
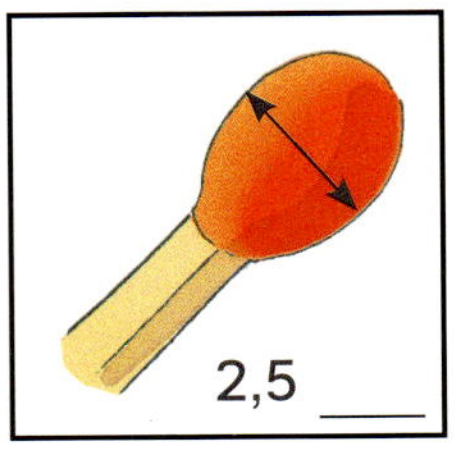

2 Wie viel Meter und Zentimeter sind es? Trage in eine Tabelle ein.
a) 3,5 m b) 5,24 m c) 0,48 m d) 0,5 m e) 0,05 m

	m	cm	
a)	3	5	0

3 Schreibe auf drei Weisen. a) 2,38 m = 2 m 38 cm = 238 cm
a) 2,38 m b) 3 m 52 cm c) 570 cm d) 4,5 m e) 1 m 9 cm f) 94 cm

4 Wie viel Zentimeter und Millimeter sind es? Trage in eine Tabelle ein.
a) 3,5 cm b) 2,2 cm c) 4,0 cm d) 0,4 cm e) 4,9 cm

	cm	mm
a)	3	5

5 Schreibe auf drei Weisen. a) 4,7 cm = 4 cm 7 mm = ___ mm
a) 4,7 cm b) 3 cm 2 mm c) 24 mm d) 0,8 cm e) 0 cm 9 mm f) 7 mm

6

a) Wie viel Meter sind es?	3,2 km	2,5 km	0,5 km	0,1 km
b) Wie viel Zentimeter sind es?	2,7 m	3,5 m	0,5 m	0,2 m
c) Wie viel Milimeter sind es?	4,3 cm	2,1 cm	0,5 cm	0,3 cm

7
a) $\frac{1}{2}$ km = ___ m b) $\frac{1}{2}$ m = ___ cm c) $\frac{1}{2}$ cm = ___ mm
$1\frac{1}{2}$ km = ___ m $1\frac{1}{2}$ m = ___ cm $1\frac{1}{2}$ cm = ___ mm
$2\frac{1}{2}$ km = ___ m $2\frac{1}{2}$ m = ___ cm $2\frac{1}{2}$ cm = ___ mm

1 km = 1000 m
1 m = 100 cm
1 cm = 10 mm

8 Neun Angaben, aber nur drei verschiedene Längen. Was ist gleich?

a) 350 mm | 3,5 m | 3 m 50 cm | 350 cm | 35 mm | 0,35 m | 3,5 cm | $3\frac{1}{2}$ cm | 35 cm

b) 7 m 5 cm | 0,75 m | 7,05 m | 75 cm | 75 mm | $\frac{3}{4}$ m | 705 cm | $7\frac{1}{2}$ cm | 7,5 cm

9 Kann das sein?

a) Beim Sportfest ist Jana 290 cm weit gesprungen.

b) Beim Sponsorenlauf ist Anton 10 km in 10 min gelaufen.

c) Beim 1. Wurf hat Erik 6,80 m, beim 2. Wurf 7 m 25 cm und beim 3. Wurf 6,5 cm weit geworfen.

1 Das Kinderzimmer und die Einrichtung sind im Maßstab 1 : 50 gezeichnet.

Maßstab 1 : 50
1 mm in der Zeichnung sind 50 mm in der Wirklichkeit.

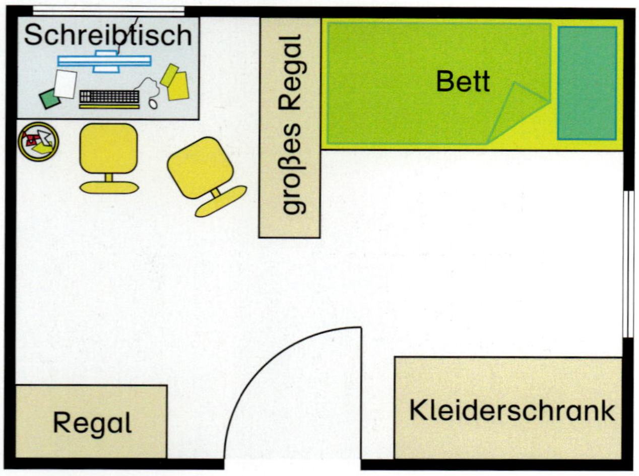

2 Wie groß sind das Zimmer und die Gegenstände in Wirklichkeit? Sie sind im Maßstab 1 : 50 gezeichnet.
Zeichne die Tabelle in dein Heft, miss die Länge und Breite des Zimmers und der Gegenstände im Grundriss und rechne um in Zentimeter.

10 mm = 1 cm

	Länge im Grundriss	Länge in Wirklichkeit
Zimmergröße	____ mm lang / ____ mm breit	____ cm lang / ____ cm breit
Bett		

3 Zeichne einen Grundriss deines Kinderzimmers oder deines Traumzimmers im Maßstab 1 : 50. Richte dein Zimmer ein. Beachte dabei Fenster und Tür.

4 Das Klassenzimmer und die Einrichtung sind im Maßstab 1 : 100 gezeichnet.
a) Was bedeutet das?
b) Wie groß sind das Klassenzimmer und die Gegenstände in Wirklichkeit?
Zeichne eine Tabelle wie in Aufgabe 2 in dein Heft.

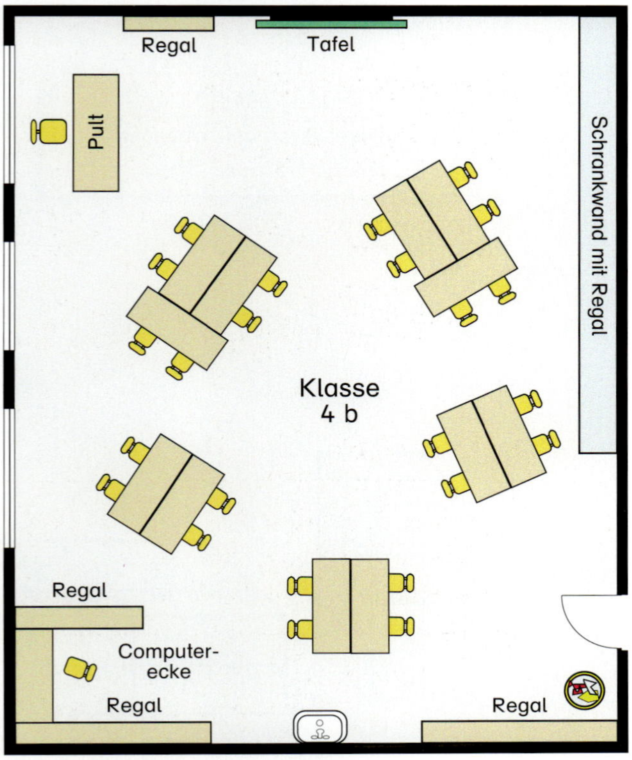

5 Kann das sein?

Nach dieser Seite empfiehlt sich Diagnosetest D8.

1 Addieren mit Zahlenblick
a) 200 500 + 70 003
b) 20 500 + 70 003

2 Im Kopf oder schriftlich?
a) 31 000 + 160 000
b) 30 785 + 160 459

3 Subtrahieren mit Zahlenblick
a) 800 001 − 70 000
b) 60 050 − 60 003

4 Im Kopf oder schriftlich?
a) 77 000 − 10 000
b) 30 715 − 10 458

5 Multiplizieren mit Einern
a) 8 · 70 000
8 · 700
b) 6 · 90 000
6 · 9 999

6 Mal Zehner und mal Hunderter
a) 90 · 900
80 · 500
b) 7 000 · 30
4 000 · 50

7 Dividieren durch Einer
a) 180 000 : 6
60 000 : 3
b) 40 000 : 8
4 900 : 7

8 Durch Zehner und durch Hunderter
a) 63 000 : 90
20 000 : 50
b) 60 000 : 300
10 000 : 200

9 Punktrechnung vor Strichrechnung
a) 600 · 70 − 4 000 : 2
b) 90 000 : 30 + 30 · 900

10 Bilde das Produkt aus 50 und 200. Subtrahiere davon den Quotienten aus 10 000 und 20.

11 Kilometer und Meter
Schreibe in Kommaschreibweise.

2 km 100 m	4 700 m	$3\frac{1}{2}$ km

12 Immer drei Längen sind gleich.

750 m	750 mm	$\frac{3}{4}$ km
75 cm	0,75 km	0,75 m

13 A B

a) Aus wie vielen kleinen Würfeln bestehen die Quader?

b) Aus Quader B soll ein großer Würfel werden. Er soll fünf kleine Würfel breit sein. Wie viele kleine Würfel fehlen noch?

1

Der Käfer krabbelt auf den Kanten des Würfels zu dem Blatt. Er darf keine Kante zweimal nehmen. Über wie viele Kanten kann der Käfer höchstens krabbeln?

A: 5 Kanten
B: 7 Kanten
C: 9 Kanten
D: 12 Kanten

2

Blau gewinnt:
Bei welchen Glücksrädern hast du die gleiche Gewinnchance wie beim großen Glücksrad?

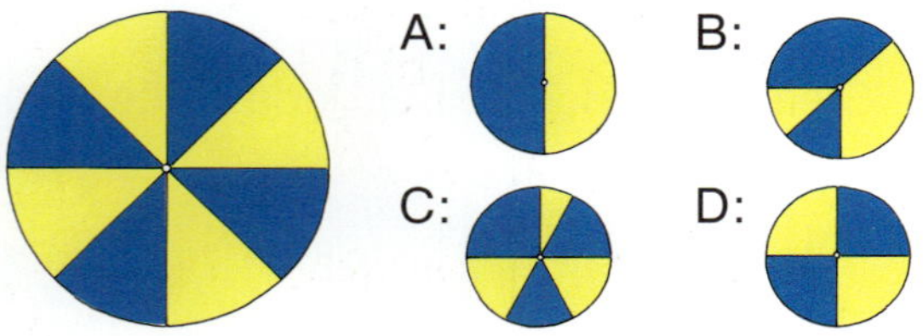

3

Simon beginnt mit der Zahl 1 und verdoppelt sie. Das Ergebnis verdoppelt er immer weiter. Wie oft muss er verdoppeln, um eine Zahl über 1 000 zu erreichen?

A: 8-mal B: 9-mal
C: 10-mal D: 11-mal

4

Flüsse in Deutschland:
Der Main ist etwa 530 km lang.
Er ist 560 km kürzer als die Elbe.
Die Elbe ist doppelt so lang wie die Mosel.
Wie lang ist die Mosel?

A: 1 090 km B: 30 km
C: 280 km D: 545 km

5

Durch wie viele Zahlen lässt sich die Zahl 24 ohne Rest teilen?

A: 4 B: 6 C: 8 D: 10

6

Kais Würfel hat drei farbige Kanten. Welches Netz gehört zu dem Würfel?

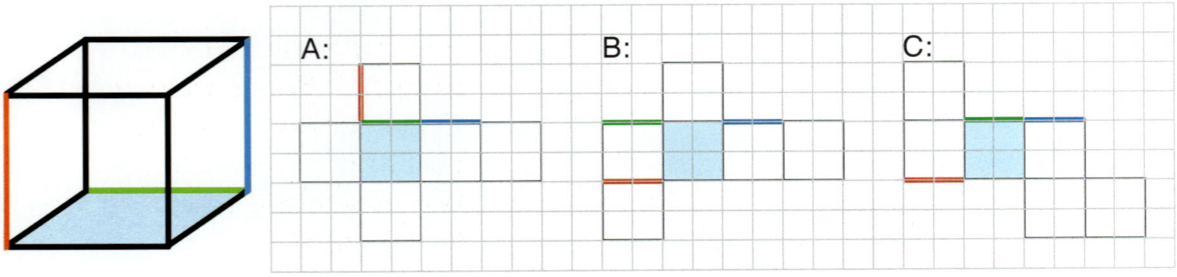

Flächeninhalt und Umfang

1

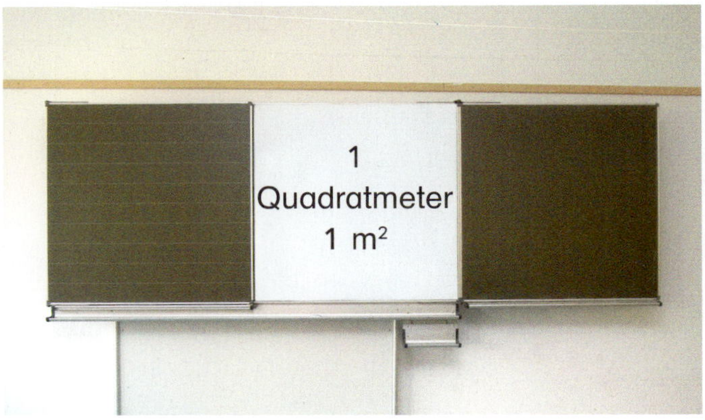

2 Stellt ein Quadrat her, jede Seite 1 m lang: Das ist ein Quadratmeter.

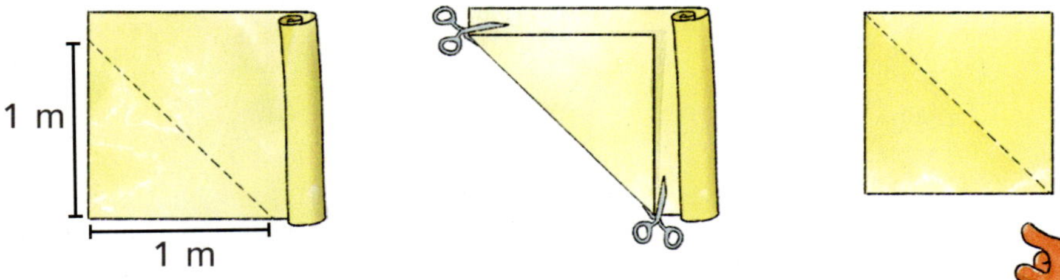

Papier abrollen.
Von einer Ecke zu beiden Seiten 1 m abmessen.
Punkte verbinden.

Entlang der Linie falten.
Entstandenes Dreieck ausschneiden.
Dreieck aufklappen.

3 Legt mit den Meterquadraten auf dem Schulhof Flächen, die so groß sind.
a) 6 Quadratmeter b) 9 Quadratmeter c) 12 Quadratmeter

4 Immer ein Quadratmeter (m^2). Begründe. Warum ist das so?

5 Kann das sein?

1 Wie groß ist der Garten?

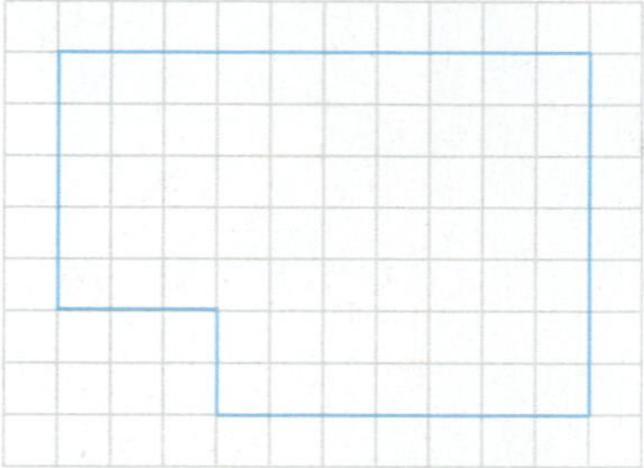

Jedes Kästchen auf dem Plan ist in Wirklichkeit 1 Quadratmeter groß.

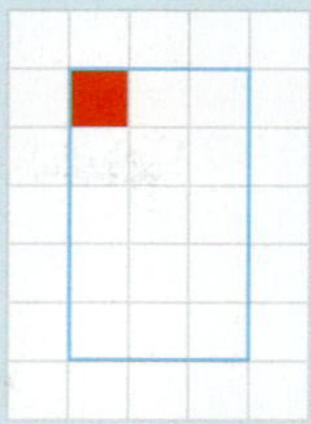

■ 1 m^2

$5 \cdot 3\ m^2 = 15\ m^2$

Das Rechteck hat einen Flächeninhalt von 15 m^2.

Die Kinder haben auf verschiedenen Wegen gerechnet. Erkläre.

Zoja

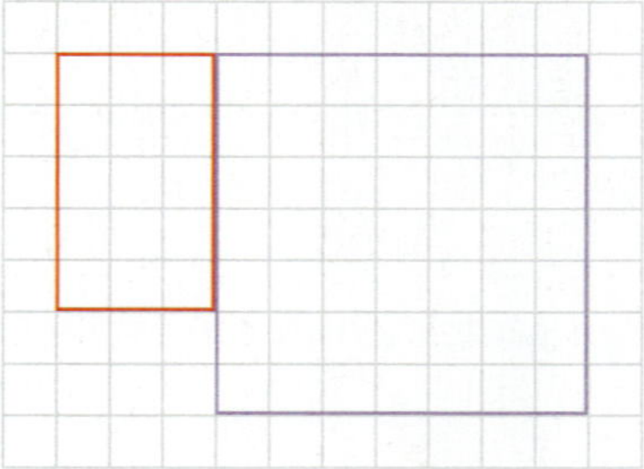

$5 \cdot 3\ m^2 = 15\ m^2$

$7 \cdot 7\ m^2 = 49\ m^2$

$15\ m^2 + 49\ m^2 = 64\ m^2$

Lars

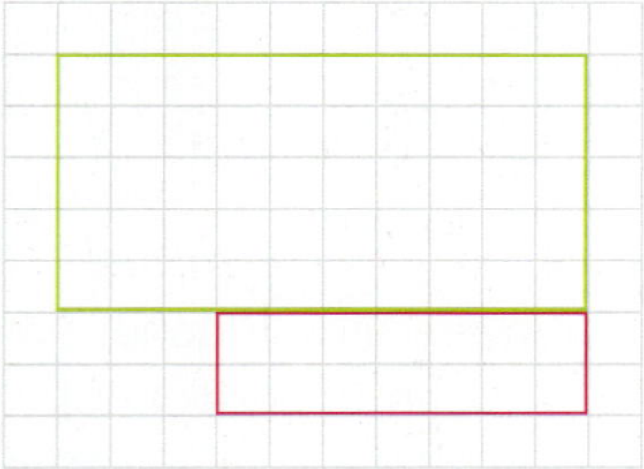

$5 \cdot 10\ m^2 = 50\ m^2$

$2 \cdot 7\ m^2 = 14\ m^2$

$50\ m^2 + 14\ m^2 = 64\ m^2$

Anabel

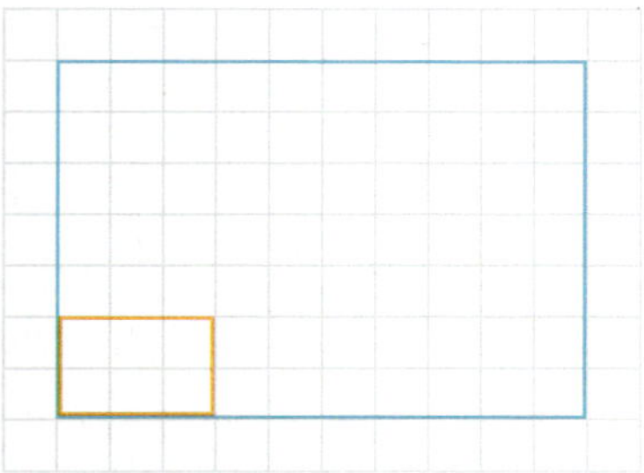

$7 \cdot 10\ m^2 = 70\ m^2$

$2 \cdot 3\ m^2 = 6\ m^2$

$70\ m^2 - 6\ m^2 = 64\ m^2$

2 Familie Schmitt möchte einen Garten mieten. Der Garten soll möglichst groß sein. Drei Gärten sind frei. Vermutet zuerst, welcher Garten den größten Flächeninhalt hat. Dann rechnet wie in Aufgabe 1. Überprüft eure Vermutung.

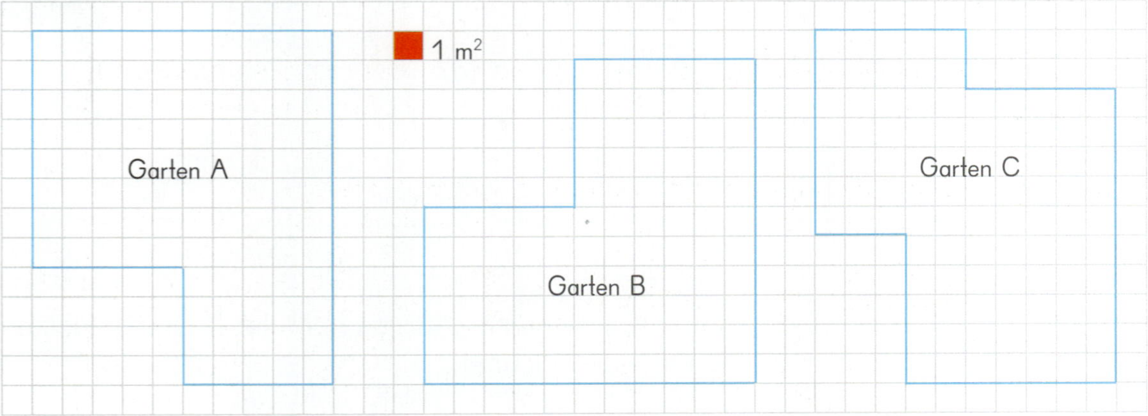

3 Zeichnet den Garten D. Berechnet den Flächeninhalt.

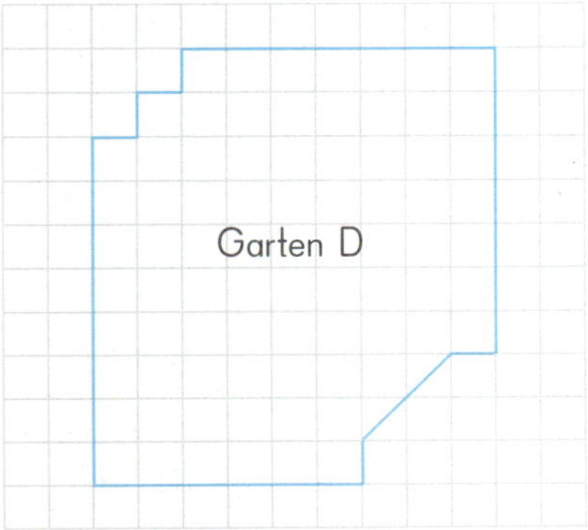

4 Zeichne verschiedene Gärten mit dem Flächeninhalt 48 m^2. Dein Partner prüft, indem er rechnet.

5 Zeichne einen Garten auf Kästchen-Papier. Dein Partner berechnet den Flächeninhalt des Gartens.

Umfang

!

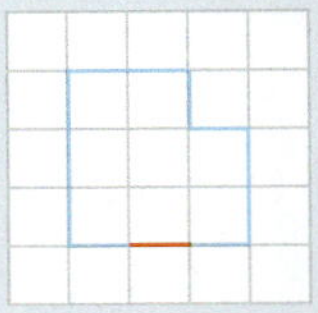

Umfang: einmal um die Fläche herum

— 1 m

Diese Fläche hat einen Umfang von 12 m.

1 Zahline plant für ihre Kaninchen einen Auslauf im Garten.
Sie überlegt, wie der Auslauf aussehen soll. Sie legt mit Hölzchen den Zaun.
Für jeden Meter legt sie ein Hölzchen. Wie groß ist der Umfang?

a) 
b) 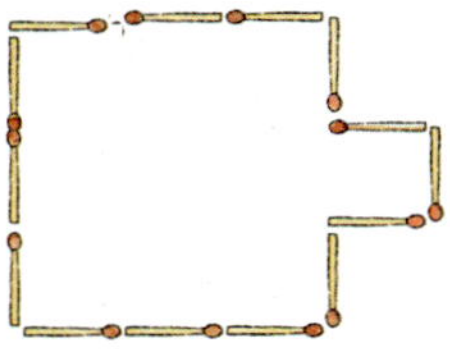
c) 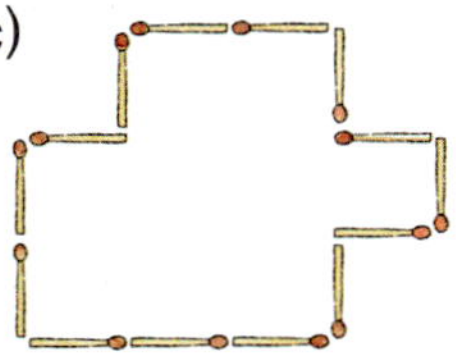
d) 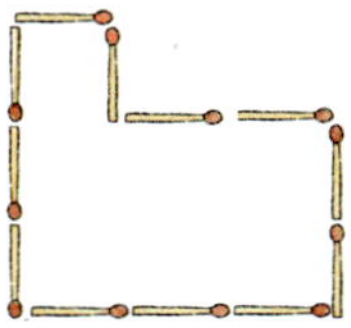

2 Legt mit Hölzchen einen Zaun um eine Fläche, für jeden Meter Zaun ein Hölzchen.
Findet Flächen mit diesem Umfang und zeichnet.

a) Umfang: 10 m b) Umfang: 14 m c) Umfang: 20 m

3 Ein Hölzchen für einen Meter Zaun. Wie groß ist der Umfang?
Wie groß ist der Flächeninhalt? Zeichne und schreibe wie im Beispiel.

a) 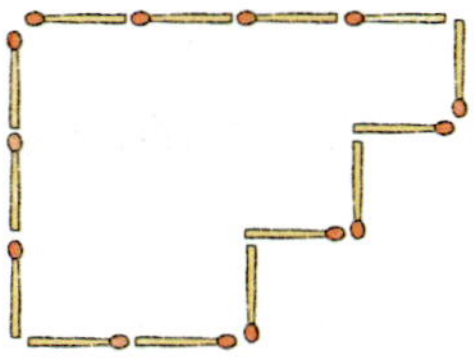

b) 
c) 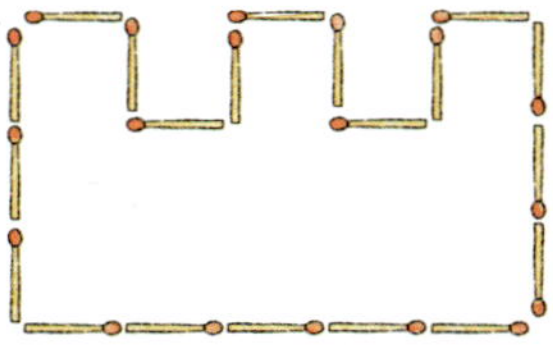
d) 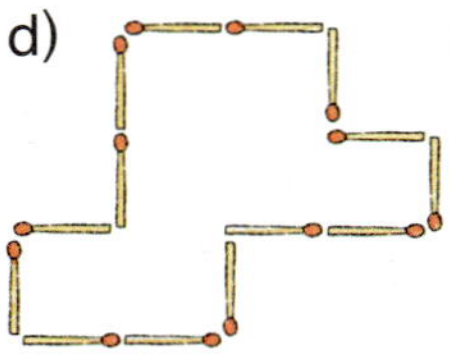
e) 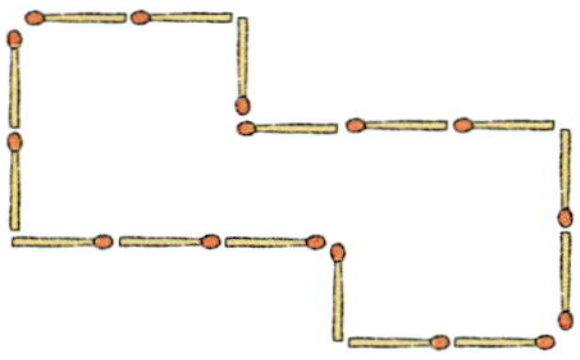

4 Legt mit Hölzchen einen Zaun um eine Fläche, für jeden Meter Zaun ein Hölzchen.
Findet ihr immer eine solche Fläche? Zeichnet.

a) Umfang: 12 m
Flächeninhalt: 8 m²

b) Umfang: 12 m
Flächeninhalt: 9 m²

c) Umfang: 12 m
Flächeninhalt: 16 m²

5 Richtiger Umfang? Richtiger Flächeninhalt? Prüfe nach. Schreibe richtig.

a) 
Umfang: 12 m
Flächeninhalt: 9 m²

b) 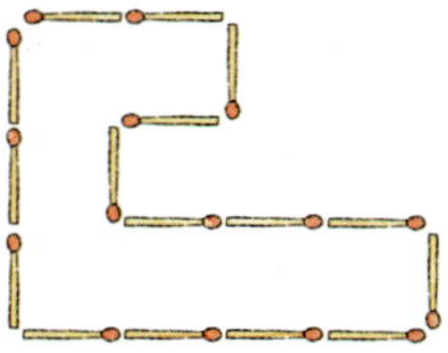
Umfang: 12 m
Flächeninhalt: 7 m²

c) 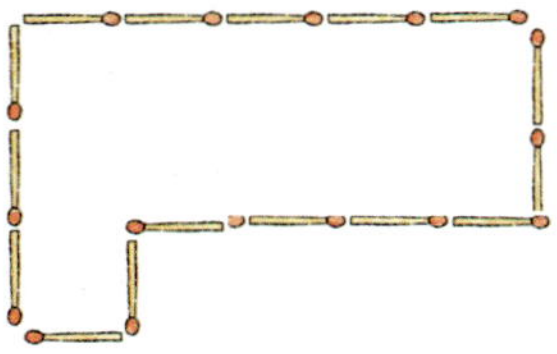
Umfang: 16 m
Flächeninhalt: 11 m²

d) 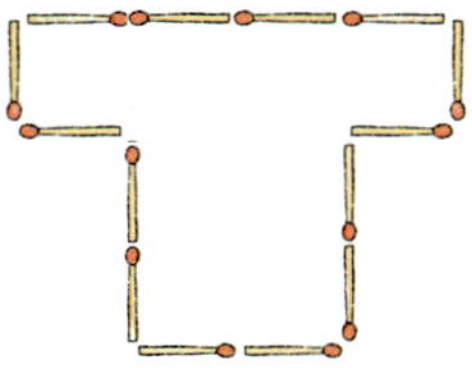
Umfang: 12 m
Flächeninhalt: 8 m²

1

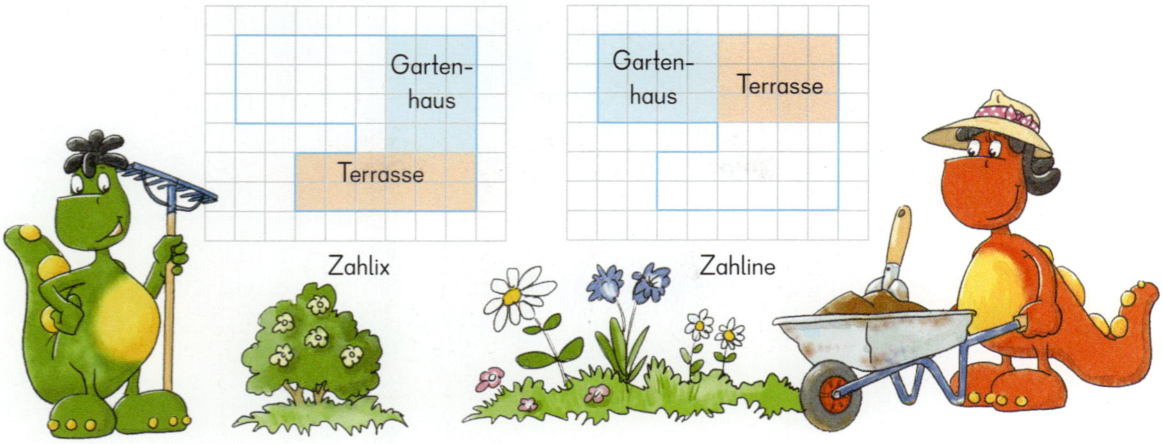

Zahlix und Zahline haben einen Garten. Der Garten soll schöner werden.
Zahlix möchte ein Gartenhaus. Es soll $3 \cdot 4$ m² groß sein.
Zahline möchte eine Terrasse, 12 m² groß.
Beide haben für den Garten einen Plan mit Gartenhaus und Terrasse gezeichnet.
Ein Kästchen auf dem Plan ist in Wirklichkeit 1 Quadratmeter groß.
Prüft nach.

a) Stimmt die Größe des Gartenhauses? Stimmt die Größe der Terrasse?
b) Zahlix behauptet: „Die restliche Fläche des Gartens ist 16 m² groß."

2 Zeichne den Garten von Zahlix und Zahline in dein Heft.
Finde selbst einen Platz für das Gartenhaus und die Terrasse. Färbe die Flächen ein.

3 Familie Gröne hat einen Garten.

a) Zeichne den Garten. Wie groß ist er?
b) Plane den Garten.
Färbe diese Flächen ein.

Gartenhaus: *3 m breit, 5 m lang*
Terrasse: *10 m²*
Rosenbeet: *12 m²*
Gemüsebeet: *12 m²*
Gartenteich: *4 m²*
Rasen: *restliche Fläche*

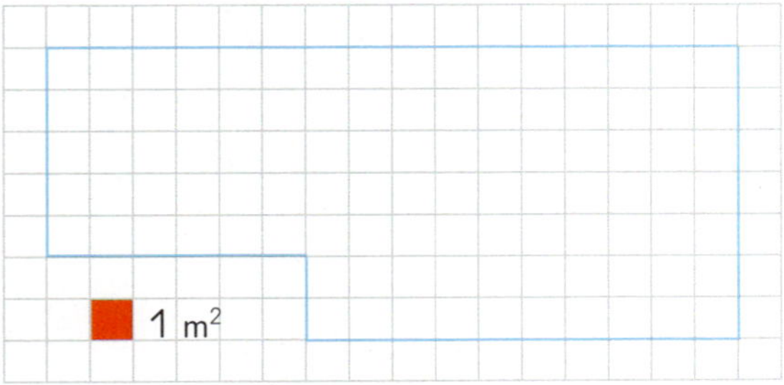

4 Beschreibe deine Planung in Aufgabe 3 möglichst genau.
Diese Sätze können dir helfen.

- Der Garten ist ___ m² groß.
- Das ...... ist ___ m² groß.
- Neben dem ...... gibt es ein ___ m² großes ......
- Der Garten hat einen Umfang von ___ m.
- An das ...... grenzt ein ....
- Der Rasen ist ___ m² groß.

5 Zeichne deinen Lieblingsgarten. Er soll nicht größer als 120 m² sein.
Finde eigene Aufgaben für deine Sachrechen-Kartei.

5 Hinweise zur Sachrechen-Kartei siehe Seite 19 Aufgabe 8. Nach dieser Seite empfiehlt sich Diagnosetest D9.

Miniprojekt: Umfragen

Am Montag diskutieren die Kinder der Klasse 4 a darüber, wie viel Zeit sie am Wochenende zu Hause am Computer verbracht haben. Sie bilden Gruppen und werten die Ergebnisse aus.

> Mehr als die Hälfte der Kinder zwischen sechs und 13 Jahren nutzt mindestens einmal pro Woche einen Computer und das Internet. Jedes zweite Kind greift mindestens einmal pro Woche zu einem Buch.

1 Die Kinder der Gruppe A tragen die Ergebnisse in ein Schaubild ein. Eine Stunde sind vier Kästchen. Dann ist eine Viertelstunde ein Kästchen. Erklärt. Dann lest ab und schreibt auf.

Gruppe A
Ahmed $\frac{1}{2}$ h

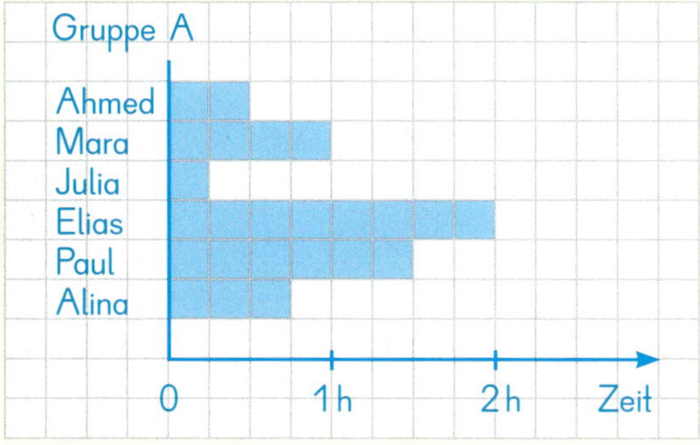

2 Hier sind die Schaubilder der Gruppen B und C.
Wie viel Zeit haben die Kinder am Computer verbracht?
Lest ab und schreibt auf. Mats $1\frac{1}{2}$ h, …

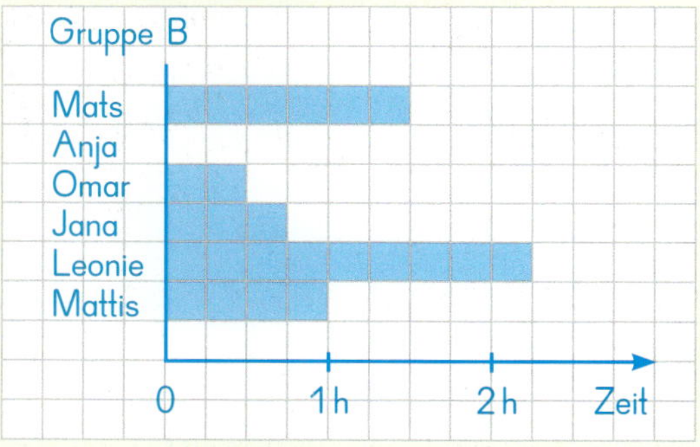

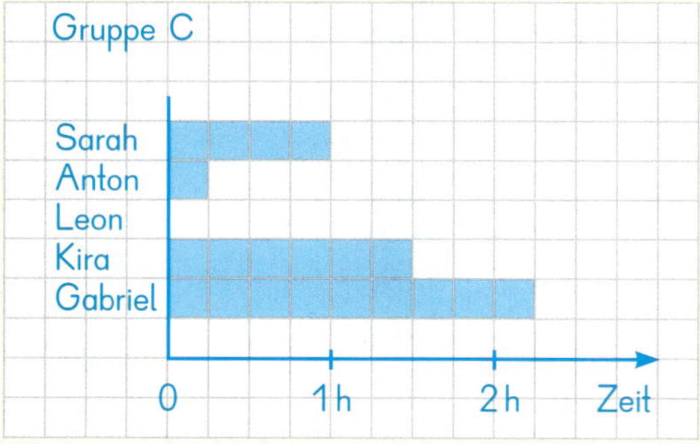

3 So viel Zeit haben die Kinder der Gruppe D am Computer verbracht.
Zeichnet ein Schaubild wie in Aufgabe 2.
Peter $1\frac{3}{4}$ h Mila 1 h Ida $1\frac{1}{2}$ h Ben $\frac{3}{4}$ h

4 a) Wie viele Kinder haben in Gruppe A weniger als eine Stunde am Computer verbracht, wie viele mehr als eine Stunde?
Wie viele sind es jeweils in den anderen Gruppen?

b) Wie viele Kinder haben in der Klasse insgesamt weniger als eine Stunde am Computer verbracht, wie viele mehr als eine Stunde?

	weniger als 1 h	mehr als 1 h
Gruppe A	3	
Gruppe B		

c) Mila meint: „Wir haben am Wochenende also weniger als eine Stunde am Computer verbracht.“ Ben meint: „Das kann man so nicht sagen.“ Was meint ihr?

5 Wie viel Zeit haben die Kinder eurer Klasse am Wochenende am Computer verbracht? Bildet Gruppen und wertet die Ergebnisse aus.

Zusammen	6 h
6 Kinder	
Durchschnitt	1 h

1 a) Zahlix und Zahline überlegen, wie viel Zeit die Kinder der Gruppe A im Durchschnitt am Computer verbracht haben. Erklärt.
b) Wie viel Zeit haben die Kinder der Gruppe B im Durchschnitt am Computer verbracht? Wie viel Zeit die Kinder der Gruppe C?
c) Die Kinder der Gruppe D haben im Durchschnitt etwas mehr Zeit am Computer verbracht. Wie viel mehr?

2 a) Ben meint: „Wir haben in unserer Klasse insgesamt am Wochenende im Durchschnitt mehr als eine Stunde am Computer verbracht.“ Wie hat er das herausgefunden? Erklärt.
b) Kira sagt: „Es sind im Durchschnitt aber nur knapp drei Minuten mehr als eine Stunde.“ Wie hat sie das herausgefunden? Erklärt.

3 Die Kinder der Klasse 4 a wollen die Frage für ihre Klasse beantworten.

Verbringen Jungen mehr Zeit am Computer als Mädchen?

a) Wie viele Mädchen gibt es in der Klasse?
Wie viel Zeit haben sie zusammen am Computer verbracht?
Wie viel Zeit haben sie im Durchschnitt am Computer verbracht?
b) Haben die Jungen ebenso viel Zeit im Durchschnitt am Computer verbracht wie die Mädchen?

4 Die Kinder wollen auch in anderen Klassen eine Umfrage machen. Sie entwerfen einen Fragebogen. Sie wollen noch andere Dinge wissen.

Zeit am Computer
Dies ist eine Umfrage. Sie ist natürlich anonym (ohne Namen!).
Nächsten Montag hängen wir die Ergebnisse aus.
Bitte mache mit und fülle diesen Fragebogen aus. Danke!

Ich bin ein Mädchen ☐ ein Junge ☐.

1) Bitte kreuze an, wie viel Zeit du am Wochenende am Computer verbracht hast.

0 min	$\frac{1}{4}$ h	$\frac{1}{2}$ h	$\frac{3}{4}$ h	1 h	$1\frac{1}{4}$ h	$1\frac{1}{2}$ h	$1\frac{3}{4}$ h	2 h	$2\frac{1}{4}$ h	$2\frac{1}{2}$ h

2) Bitte kreuze auch an, was du am liebsten am Computer machst.
☐ Informationen raussuchen ☐ Lernprogramme ☐ Filme schauen
☐ Spiele ☐ Sonstiges

3) Hast du in der letzten Woche in einem Buch gelesen? ☐ ja ☐ nein

Schriftliches Multiplizieren

1 Leichte Aufgaben und schwere Aufgaben.
Rechne nur die leichten Aufgaben.

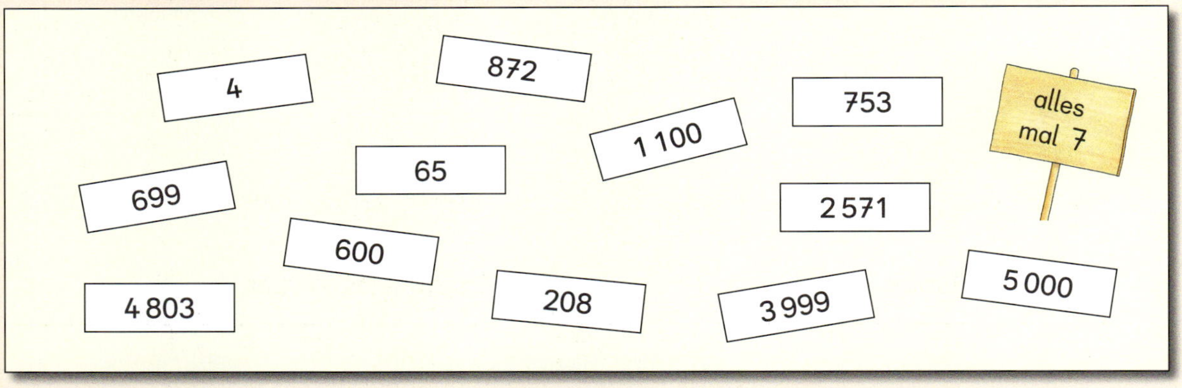

4 · 7	872 · 7

2

3

a)	b)	c)	d)	e)
800 · 3	5 000 · 6	4 010 · 5	1 999 · 8	4 097 · 7
400 · 7	4 000 · 8	3 080 · 4	2 998 · 4	648 · 4

2 400 2 592 2 800 11 992 12 320 14 603 15 992 20 050 28 679 30 000 32 000

1 Zahlix und Zahline rechnen die Aufgabe 648 · 4 auf verschiedene Weise. Erkläre.

648 · 4

Erst die Einer.

Dann die Zehner.

Dann die Hunderter.

So geht es kürzer.

2 6 5 4 · 3
1 9 6 2

a) 654 · 3
235 · 4

b) 648 · 5
564 · 4

c) 852 · 3
342 · 6

d) 243 · 8
352 · 9

940 1 065 1 944 1 962 2 052 2 256 2 556 3 168 3 240

3 a) 354 · 4
286 · 3

b) 863 · 5
269 · 4

c) 427 · 3
615 · 5

d) 529 · 9
752 · 7

e) 2 587 · 3
9 912 · 2

858 1 076 1 281 1 416 3 075 3 690 4 315 4 761 5 264 7 761 19 824

4 a) 9 423 · 3
8 185 · 8

b) 6 457 · 5
2 836 · 6

c) 48 713 · 2
12 879 · 3

d) 23 874 · 4
46 513 · 6

e) 32 598 · 3
51 927 · 7

17 016 28 269 32 285 36 489 38 637 65 480 95 496 97 426 97 794 279 078 363 489

5 3 0 0 8 · 4
1 2 0 3 2

a) 3 008 · 4
9 100 · 6

b) 6 140 · 6
3 410 · 8

c) 6 308 · 5
4 095 · 6

d) 10 360 · 8
14 080 · 5

12 032 24 570 27 280 31 540 36 840 41 540 54 600 70 400 82 880

6

a) Berechne das Dreifache von 6 380.

b) Berechne das Doppelte von 3 552.

c) Berechne das Fünffache von 9 900. Verdopple das Produkt.

d) Berechne das Sechsfache von 1 776.

e) Berechne das Vierfache von 6 308.

f) Berechne das Doppelte von 8 011. Verzehnfache das Produkt.

1 Immer zwei Fehler-Aufgaben gehören in eine Kiste. Überprüfe und ordne zu. Dann rechne richtig.

Einmaleins falsch	Übertrag vergessen	Null vergessen	Einzelergebnisse aufgeschrieben

a) 7 1 5 · 6 = 4 2 9 6
b) 4 7 0 3 · 2 = 9 4 6
c) 6 4 8 · 4 = 2 4 1 6 3 2
d) 5 1 9 8 · 2 = 1 0 2 8 6
e) 3 4 6 · 9 = 2 7 6 4
f) 1 6 2 4 · 8 = 8 4 8 1 6 3 2
g) 5 6 7 1 3 · 3 = 1 7 0 8 3 9
h) 3 1 3 2 0 · 3 = 9 3 9 6

2 Drei Aufgaben sind falsch gerechnet. In welche Kiste gehören sie? Rechne richtig.

a) 7 0 1 9 · 4 = 2 8 7 6
b) 9 5 0 9 · 3 = 2 7 5 0 7
c) 8 1 6 7 · 5 = 4 0 8 3 0
d) 5 4 7 2 · 4 = 2 1 8 8 8

3

a) 2 □ 4 8 · 3 = 7 0 4 4
b) 5 2 □ 6 · 4 = 2 0 8 6 4
c) □ 1 4 2 · 5 = 1 5 7 1 0
d) 7 □ 3 6 · 6 = 4 3 4 1 6
e) □ 4 □ 2 · 9 = 3 1 0 6 8
f) 5 4 □ □ · 7 = 3 8 0 1 7
g) □ 3 □ 1 · 3 = 7 1 7 □
h) □ 3 □ 7 · 6 = 8 1 4 □

4

a) □ 4 8 7 · 4 = 9 □ □ □
b) □ 4 0 7 · 8 = 1 1 □ □ □
c) □ 6 5 8 · 7 = 2 5 □ □ □
d) □ 0 9 6 · 6 = 2 □ □ □ □

5 Drei Aufgaben sind falsch gerechnet. Überprüfe und rechne richtig.

a) 2 5 4 8 6 · 5 = 1 2 7 4 3 0
b) 1 5 6 6 8 · 5 = 7 8 3 4 8
c) 3 0 5 4 7 · 5 = 1 5 2 7 3 5
d) 6 3 3 7 · 5 = 3 1 6 8 3
e) 1 4 6 2 3 · 5 = 7 3 1 1 5
f) 2 3 9 4 3 · 5 = 1 1 9 7 1 0

6 0 1 2 3 4 5 6 7 8 9

Bilde aus den Ziffernkarten eine vierstellige Zahl. Multipliziere sie mit 4.

a) Die Ergebnisse sollen verschiedene Endziffern haben. Finde fünf Aufgaben.
b) Die Ergebnisse sollen die Endziffer Null haben. Finde vier Aufgaben.
c) Die Ergebnisse sollen an der Zehnerstelle die Ziffer Null haben. Finde drei Aufgaben.

7 Im Kopf oder schriftlich? Entscheide bei jeder Aufgabe neu.

a) 26 385 + 3 200
49 998 + 2 402

b) 14 568 + 24 373
75 450 + 99 999

c) 152 750 + 250 250
300 634 + 256 000

29 585 38 941 52 400 73 400 175 449 403 000 556 634

8

a) 93 615 − 9 998
51 111 − 3 473

b) 76 555 − 16 555
75 450 − 69 999

c) 910 134 − 265 826
675 000 − 250 000

5 451 8 367 47 638 60 000 83 617 425 000 644 308

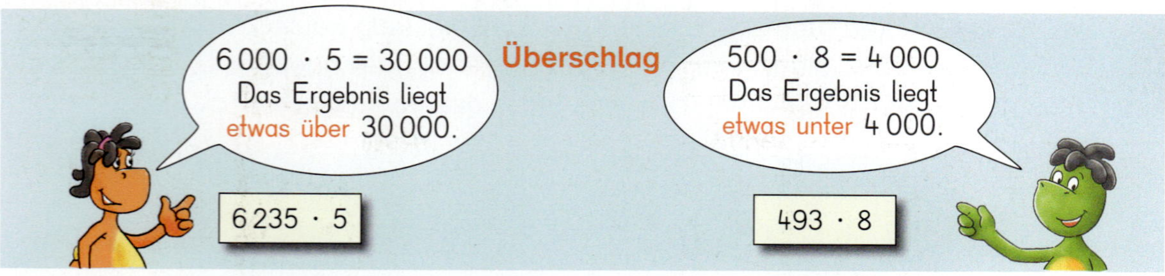

1 Zahline überschlägt vor dem Rechnen mit dem nächstgelegenen Tausender.
Womit überschlägt Zahlix? Erkläre.

2 Überschlage erst, dann rechne genau.

Ü: 700 · 4 = 2800

687 · 4
2748

a) 687 · 4
815 · 7
289 · 8

b) 3122 · 9
5771 · 3
1034 · 4

c) 3916 · 5
7146 · 6
6793 · 2

d) 10123 · 3
15217 · 4
19921 · 2

2312 2748 4136 5705 13586 17313 19580
28098 30369 32469 39842 42876 60868

3 In jedem Päckchen sind zwei Ergebnisse falsch.
Überschlage wie Zahlix und Zahline. Schreibe die richtigen Ergebnisse auf.

a) 695 · 7 = 4865
298 · 6 = 1988
787 · 8 = 6496
385 · 5 = 1925

b) 2057 · 9 = 16513
5124 · 5 = 25620
3908 · 4 = 16632
8079 · 7 = 56553

c) 3892 · 2 = 7784
919 · 3 = 2457
537 · 7 = 3759
2957 · 4 = 9828

4 Wählt eine Zahl aus. Multipliziert sie mit 9.
Prüft erst durch Überschlag, ob die gewählte Zahl passt.
Gibt es immer eine Lösung?
a) Das Produkt soll unter 5000 liegen.
b) Das Produkt soll über 30000 liegen.
c) Das Produkt soll zwischen 10000 und 20000 liegen.
d) Das Produkt soll unter 3000 liegen.

· 9

493 786 1027
1632 2958 3872

5 Wählt selbst zwei Zahlen aus. Multipliziert sie mit 9.
a) Das Produkt soll zwischen 1000 und 1500 liegen.
b) Das Produkt soll zwischen 20000 und 25000 liegen.
c) Das Produkt soll zwischen 50000 und 55000 liegen.

· 9

6 Wählt eine passende Zahl aus. Multipliziert sie mit 9.
a) Das Produkt soll möglichst nahe bei 1000 liegen.
b) Das Produkt soll möglichst nahe bei 80000 liegen.

· 9

7 Bildet passende Aufgaben.
a) Das Produkt soll unter 5000 liegen.
b) Das Produkt soll über 10000 liegen.

593 755 1356 2598 · 3 · 4 · 6 · 8

1 Die Klasse 4 b kann für 200 € neues Pausenspielzeug kaufen. Gemeinsam haben die Kinder ihre Wunschliste aufgeschrieben. Luise, Maja und Ben rechnen aus, wie teuer drei Springseile sind.

2

a) Berechnet die Preise für das übrige Pausenspielzeug der Wunschliste. Überschlagt zuerst, dann rechnet genau.

b) Wie teuer ist das gesamte Pausenspielzeug? Bleibt noch Geld übrig?

3 Ihr habt 200 €. Was würdet ihr für eure Pausenkiste kaufen?

4 a) 3,78 € · 5
6,25 € · 7

b) 2,89 € · 9
9,90 € · 4

c) 8,15 € · 7
7,95 € · 8

d) 9,35 € · 6
8,78 € · 7

18,90 € 26,01 € 39,60 € 43,75 € 50,15 € 56,10 € 57,05 € 61,46 € 63,60 €

5 a) 17,09 € · 9
31,07 € · 5

b) 56,09 € · 3
20,70 € · 7

c) 83,90 € · 2
24,93 € · 8

d) 35,49 € · 7
12,07 € · 6

72,42 € 144,90 € 153,81 € 155,35 € 167,80 € 168,27 € 199,44 € 199,92 € 248,43 €

Nach dieser Seite empfiehlt sich Diagnosetest D10.

1 Im Kopf oder schriftlich

a) 699 · 7
467 · 3

b) 7469 · 6
9010 · 4

2 Achte auf die Nullen.

60 504 · 5
70 096 · 8

3

a) 3 □ 4 7 · 3 = 1 0 6 4 1

b) □ 8 0 9 · 5 = 4 4 0 4 5

c) □ 5 □ 9 · 9 = 1 3 5 8 □

d) 3 5 □ □ · 7 = 2 5 0 4 6

4 Zwei Ergebnisse sind falsch.
Prüfe durch die Endziffer.
Rechne richtig.

4078 · 6 = 24 466
6109 · 5 = 30 545
758 · 8 = 6068

5 Zwei Ergebnisse sind falsch.
Prüfe durch Überschlag.
Rechne richtig.

3079 · 3 = 10 237
4927 · 7 = 28 489
519 · 4 = 2076

6

a) Berechne das Doppelte von 8 907. Verzehnfache das Produkt.

b) Berechne das Vierfache von 12 025. Verfünffache das Produkt.

7 Martin kauft sieben Bälle.

8

a) 3,69 € · 8
6,09 € · 5

b) 20,80 € · 5
29,55 € · 3

9

Das Produkt soll zwischen 10 000 und 11 000 liegen und die Endziffer 4 haben.

Finde passende Zahlen.

Es gibt viele Möglichkeiten.

· 6
· 3
· 7

Miniprojekt: Parkette

Parkett A

Parkett B

Parkett C

! Ein Parkett ist ein regelmäßiges Muster aus ebenen Figuren.
Das Grundmuster kann nach allen Seiten fortgesetzt werden.

1 Wo habt ihr schon mal ein Parkett gesehen? Erzählt.

2 Die Kinder haben angefangen, die Parkette auf den Fotos mit Papieren nachzulegen.
a) Welches Kind legt welches Parkett? b) Welche ebenen Figuren nutzen die Kinder?

Amina

Fabian

Mariella

3 Entscheidet euch für ein Parkett aus den Fotos und legt es nach.

a) Nehmt dazu quadratisches Papier in verschiedenen Farben. Faltet und schneidet. Ihr erhaltet Rechtecke und kleine Quadrate.
b) Setzt das Parkett nach allen Seiten fort.

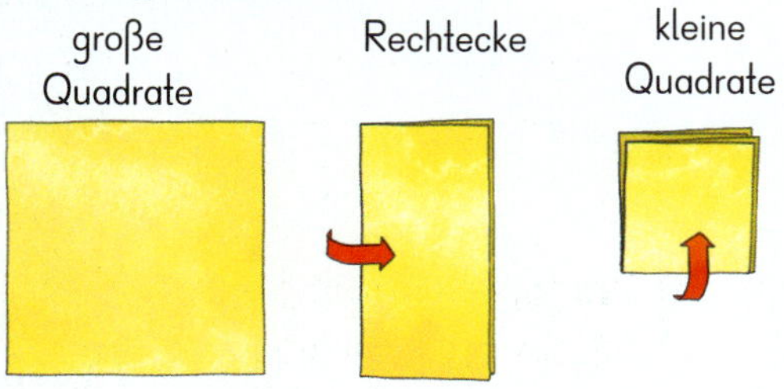

4 Aus den Quadraten und Rechtecken lassen sich noch andere Parkette legen.

a) Nutzt das Grundmuster von Zahlix und setzt es nach allen Seiten fort. Es gibt verschiedene Lösungen.
b) Erfindet ein eigenes Muster und setzt es nach allen Seiten fort.

1 Tim legt mit Mika ein Parkett.

Dann zeichnet Tim.

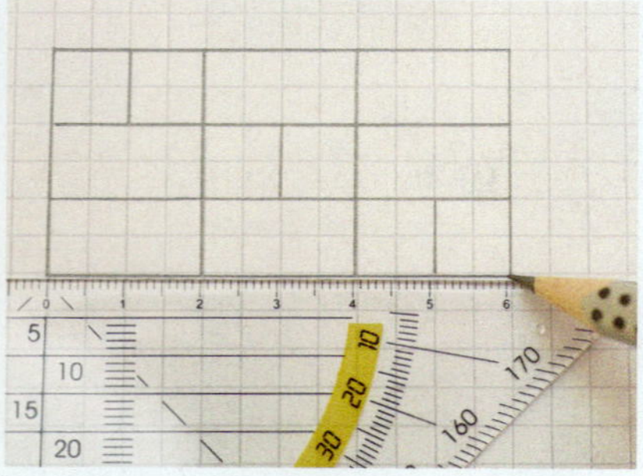

a) Zeichne wie Tim in dein Heft.
b) Färbe deine Zeichnung wie das gelegte Parkett.

2 Andere Kinder legen diese Parkette.

a) Zeichne die Ausschnitte in dein Heft.
b) Färbe deine Zeichnung wie das gelegte Parkett.

Lea und Kira

Radu und Jule

3 a) Erfinde selbst ein Muster. Zeichne wie in Aufgabe 1 und 2 und färbe.
b) Zeichne weiter. Setze das Muster nach allen Seiten fort.

4 Die Zeichnungen sind noch nicht fertig.

A

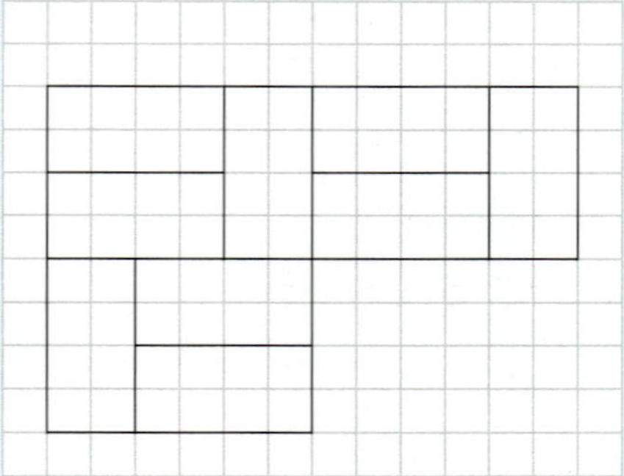

B

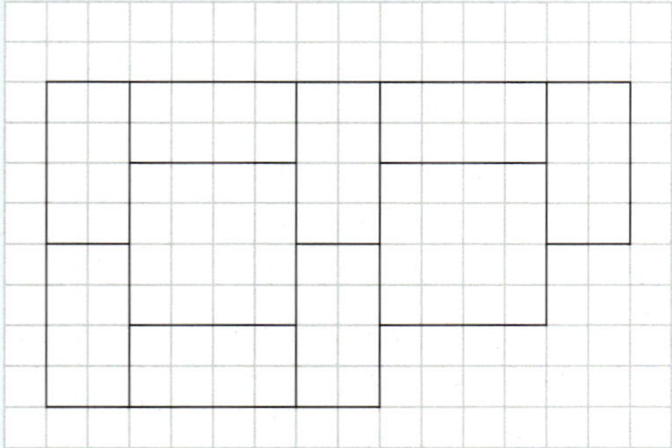

a) Zeichne in dein Heft und setze nach allen Seiten fort.
b) Färbe ein. Dein Muster soll regelmäßig sein.

Weiter im schriftlichen Multiplizieren

1 2 254 · 30

Lucy:
2 254 · 3
6 762
6 762 · 10 = 67 620

Sandro:
2 254 · 3 Z
6 762 Z
6 762 Z = 67 620

Helene:
2 254 · 30
67 620

2 Rechne wie Helene.

a) 1 505 · 90
3 036 · 30

b) 1 584 · 40
1 404 · 60

c) 1 449 · 50
2 079 · 40

d) 1 635 · 60
1 758 · 30

e) 117 · 50
363 · 90

5 850   32 670   41 080   52 740   63 360   72 450   83 160   84 240   91 080   98 100   135 450

3 43 · 27 Zahlix und Zahline rechnen die Aufgabe auf verschiedene Weise. Erkläre.

4 Rechne wie Zahlix.

a) 28 · 86
67 · 23

b) 56 · 34
38 · 42

c) 72 · 27
45 · 36

d) 95 · 49
28 · 35

e) 71 · 24
82 · 77

980   1 541   1 596   1 620   1 704   1 904   1 944   2 408   2 934   4 655   6 314

5

a) 562 · 42
843 · 27

b) 506 · 46
307 · 38

c) 2 658 · 64
1 243 · 27

d) 3 808 · 76
2 048 · 63

e) 28 704 · 13
23 108 · 17

11 666   22 761   23 276   23 604   33 561   70 112   129 024   170 112   289 408   373 152   392 836

6 Finde den Rechenfehler und schreibe die Aufgabe richtig auf.

a) 295 · 48
1 180
2 360
3 540

b) 718 · 67
42 680
4 976
45 656

c) 487 · 28
9 740
3 896
12 536

d) 974 · 51
9 740
4 870
14 610

e) 1 602 · 34
4 860
648
5 508

Mehrstellige Zahlen schriftlich multiplizieren

1 Aufgepasst bei Nullen in der zweiten Zahl.

3	6	7	·	7	0	8
	2	5	6	9	0	0
			2	9	3	6

erst mal 700, dann mal 8

a) 367 · 708
624 · 807
725 · 405

b) 543 · 903
256 · 704
327 · 603

180 224 197 181 259 836 293 625 312 425 490 329 503 568

2 Welche Aufgabe rechnest du schneller, die obere oder die untere?

a) 707 · 456
456 · 707

b) 809 · 222
222 · 809

c) 563 · 404
404 · 563

d) 303 · 777
777 · 303

171 801 179 598 227 452 235 431 322 392

3 Aufgepasst bei Nullen am Ende der zweiten Zahl.

5	6	8	·	2	7	0
	1	1	3	6	0	0
		3	9	7	6	0

erst mal 200, dann mal 70

a) 568 · 270
639 · 510
743 · 360

b) 275 · 480
726 · 370
438 · 630

132 000 153 360 267 480 268 620 275 940 298 450 325 890

4 Welche Aufgabe rechnest du schneller, die Aufgabe oder die Tauschaufgabe?

a) 951 · 440
303 · 726

b) 550 · 348
888 · 618

c) 707 · 684
660 · 239

d) 423 · 224
556 · 387

94 752 157 740 191 400 215 172 219 978 307 502 418 440 483 588 548 784

5

a) □ 8 □ · 2 7
7 □ 0 0
□ 6 □ 5
□ 0 □ 9 5

b) 9 3 □ · 2 5
□ □ 7 8 0
4 □ □ 5
2 □ □ 7 □

c) 3 7 2 · □ 6
1 □ 1 6 0
2 □ □
□ 3 □ 9 2

d) 4 7 6 · □ 9
□ □ 2 0
□ 2 □ □
□ 3 □ 0 □

6 Jeder rechnet zwei Beispiele. Vergleicht.

a) Denke dir eine Zahl zwischen 700 und 800.
Berechne
- das 357fache und
- das 643fache

dieser Zahl.
Addiere die Produkte zu deiner Zahl.

b) Denke dir eine Zahl zwischen 200 und 300.
Berechne
- das 202fache,
- das 100fache und
- das 699fache

dieser Zahl.
Addiere die Produkte.

Entdeckt ihr das Geheimnis? Könnt ihr selbst solche Aufgaben erfinden?

7

a) 400 · 20
800 · 50

b) 8 000 · 90
3 000 · 60

c) 300 · 200
900 · 700

d) 600 · 500
400 · 300

8 000 12 000 40 000 60 000 120 000 180 000 300 000 630 000 720 000

8

a) 7 · 9999
3 · 9999

b) 9999 · 8
9999 · 9

c) 50 · 999
80 · 999

d) 999 · 90
999 · 40

29 997 39 960 49 950 69 993 79 920 79 992 89 910 89 991 99 990

1

2 Rechnet in Kleingruppen. Ein Kind wählt die Aufgabe und rechnet wie Nina in Aufgabe 1. Die anderen Kinder schreiben einen Überschlag auf. Vergleicht die Überschläge.

a) 278 · 335 b) 613 · 209 c) 298 · 498 d) 4 123 · 38 e) 2 835 · 43

3 In jedem Päckchen gibt es zwei falsche Ergebnisse.
Das kannst du durch den Überschlag herausfinden. Rechne richtig.

a)	b)	c)
798 · 49 = 39 102	528 · 405 = 21 384	408 · 307 = 115 256
678 · 23 = 55 594	485 · 240 = 11 640	506 · 707 = 357 742
983 · 71 = 89 793	317 · 203 = 64 351	796 · 285 = 246 575

4 In jedem Päckchen gibt es zwei falsche Ergebnisse.
Das kannst du durch die Endziffer herausfinden. Rechne richtig.

a)	b)	c)
668 · 270 = 181 375	348 · 812 = 282 567	548 · 512 = 280 576
237 · 435 = 103 095	924 · 562 = 519 289	723 · 405 = 292 813
547 · 785 = 429 392	654 · 473 = 309 342	377 · 683 = 257 498

5 Wählt eine Zahl aus. Multipliziert sie mit 32.
Prüft erst durch Überschlag, ob die gewählte Zahl passt.
Gibt es immer eine Lösung? Gibt es mehrere Lösungen?

a) Das Produkt soll über 90 000 liegen.
b) Das Produkt soll unter 20 000 liegen.
c) Das Produkt soll zwischen 30 000 und 40 000 liegen
d) Das Produkt soll zwischen 50 000 und 60 000 liegen.

· 32

408 791 995
1 032 2 997 3 062

6 Findet ihr immer passende Aufgaben?

a) Das Produkt soll über 90 000 liegen.
b) Das Produkt soll unter 40 000 liegen.
c) Das Produkt soll zwischen 60 000 und 70 000 liegen.

· 68 · 82 · 97

620 987 1 202

1 Der erste Schritt

2 Dividiere wie Zahlix.

a) 732 : 3
846 : 3

b) 988 : 4
716 : 4

c) 756 : 6
948 : 6

d) 870 : 5
685 : 5

e) 668 : 4
944 : 8

118 126 137 158 167 171 174 179 244 247 282

3

a) 8 435 : 5
9 285 : 5

b) 6 196 : 4
7 824 : 4

c) 8 451 : 3
4 179 : 3

d) 9 856 : 8
9 296 : 8

e) 8 176 : 7
9 954 : 7

1 162 1 168 1 232 1 393 1 422 1 549 1 687 1 713 1 857 1 956 2 817

4

a) 52 864 : 4

b) 96 729 : 3

c) 86 735 : 5

d) 98 214 : 6

e) 98 752 : 8

12 344 13 216 15 261 16 369 17 347 32 243

5 Achtung! In jedem Päckchen ist eine leichte Aufgabe.

a) 963 : 3
723 : 3

b) 488 : 4
536 : 4

c) 7 368 : 2
4 862 : 2

d) 4 158 : 3
3 966 : 3

e) 54 736 : 2
62 480 : 2

122 134 241 321 1 322 1 386 2 431 3 284 3 684 27 368 31 240

1 Der erste Schritt

2 Überlege zuerst: Wie viele Stellen hat das Ergebnis? Schreibe wie in Aufgabe 1.

a) 5628 : 6 b) 4572 : 3 c) 6312 : 4 d) 2844 : 9 e) 4186 : 7

316 598 938 1224 1524 1578

3 Achtung! Nullen im Ergebnis!

a) 7521 : 3 b) 8114 : 2 c) 9236 : 4 d) 75999 : 7 e) 54675 : 9

2309 2507 4057 5075 6075 10857

4 Hier gibt es zwei Nullen im Ergebnis.

a) 84036 : 4 b) 96240 : 6 c) 81040 : 2 d) 90171 : 9 e) 82456 : 8

10019 10307 16040 21009 30035 40520

5 In jedem Päckchen ist eine Aufgabe falsch gerechnet.
Überprüfe mit dem ersten Schritt. Rechne richtig.

a) 6012 : 3 = 204
6916 : 7 = 988

b) 6426 : 6 = 1071
7872 : 8 = 1084

c) 41240 : 4 = 1310
44540 : 5 = 8908

d) 81009 : 3 = 2703
24128 : 8 = 3016

1 440 : 3 Hier bleibt ein Rest.

2 a) 3 704 : 3 b) 1 826 : 4 c) 9 215 : 9 d) 24 175 : 8 e) 35 390 : 7

456 R 2 1 023 R 8 1 234 R 2 3 021 R 7 4 056 R 2 5 055 R 5

3 Wodurch unterscheiden sich die beiden Ergebnisse?

a) 2 000 : 3 b) 2 500 : 3 c) 1 111 : 4 d) 3 333 : 4 e) 2 222 : 4

4 000 : 6 5 000 : 6 2 222 : 8 6 666 : 8 4 444 : 8

f) Finde ein eigenes Päckchen.

4

a) Dividiere alle Zahlen durch 2.
Zu jedem Korb gibt es drei Aufgaben.

b) Finde zu jedem Korb noch zwei Aufgaben mit vierstelligen Zahlen. Worauf musst du achten?

5 a) Die gleiche Wäscheleine wie in Aufgabe 4. Dividiere durch 5.
Welche Reste können bleiben?

b) Wie heißt die Regel?
Welchen Rest eine Zahl beim Teilen durch 5 lässt, erkennt man an ....

6 a) Beim Schulfest wurde ein Gewinn von 1 076 € erzielt.
Die Hälfte davon geht als Spende an die Welthungerhilfe.

b) Den Rest teilen sich die acht Klassen für ihre Klassenbüchereien.
Jede Klasse erhält nur den vollen Euro-Betrag. Der Rest kommt zur Spende hinzu.

7 a) 200 : 100 b) 300 : 100 c) 500 : 100 d) 700 : 100

200 : 50 300 : 50 500 : 50 700 : 50

200 : 25 300 : 25 500 : 25 700 : 25

2 3 4 5 6 7 8 10 12 14 15 20 28

8 a) 22 : 11 b) 33 : 11 c) 60 : 12 d) 48 : 12

99 : 11 77 : 11 72 : 12 96 : 12

2 3 4 5 6 7 8 9 11

1 Der erste Schritt

2 a) 101 425 : 25 b) 172 300 : 25 c) 51 250 : 25 d) 8 150 : 25

326 2 050 3 206 4 057 6 892

3 a) 101 260 : 20 b) 10 440 : 20 c) 121 450 : 50 d) 27 300 : 50
203 480 : 20 36 260 : 20 252 850 : 50 72 150 : 50

522 546 1 443 1 813 2 429 5 057 5 063 10 174 14 043

4 Kannst du auch mit der 12er-Reihe rechnen?
Jedes Ergebnis hat die Quersumme 13.
a) 15 168 : 12 b) 86 556 : 12 c) 37 848 : 12 d) 72 408 : 12

5 Schreibe Frage (F), Lösung (L) und Antwort (A) auf. Denke an den ersten Schritt.

a)

Spendenlauf der Elisabeth-Schule
Jedes Kind bekam für jede Runde 50 Cent. Die Elisabeth-Schule erhielt insgesamt 1 264,50 €. Die Schul-

b)

Rekord beim 24-Stunden-Schwimmen
Thomas Meier schaffte auf der 25-Meter-Bahn 60 000 m. Dafür

Nach dieser Seite empfiehlt sich Diagnosetest D13.

Leicht oder schwer ?

1 Rechne im Kopf.

a) 4 800 : 6
4 800 : 4

b) 40 000 : 2
40 000 : 5

2 Rechne mit Zahlenblick.

a) 4 080 : 8
4 800 : 8

b) 12 006 : 3
11 997 : 3

3 Achte auf den ersten Schritt.

a) 4 335 : 3
4 335 : 5

b) 83 349 : 9
83 349 : 7

4 Nullen im Ergebnis

a) 1 842 : 6
7 546 : 7

b) 62 112 : 3
50 445 : 5

5 Zwei Ergebnisse sind falsch.
Prüfe mit dem ersten Schritt.
Rechne richtig.

6 201 : 3 = 267
3 308 : 4 = 827
3 640 : 5 = 628

6 Hier bleibt ein Rest.

a) 3 110 : 4

b) 30 002 : 9

7 Dividiere durch 5. Rechne nur die Aufgabe mit dem Rest 3.

3 260   4 124   5 248   6 009

8 Dividiere durch 50 und 25.
Achte auf den ersten Schritt.

a) 60 350 : 50
27 150 : 50

b) 30 175 : 25
13 575 : 25

9 **Hauptgewinn für Fußballteam Bottrop.** Die elf Spieler vom VfB Bottrop haben den Hauptpreis von 3 575 Euro gewonnen. Sie planen nun

10

Bilde Zahlen
mit der Quersumme 20.
Dividiere durch 9.
Welcher Rest bleibt?

Die 4. Klassen der Grundschule am Schloss fahren jedes Jahr von Montag bis Freitag auf Klassenfahrt – entweder nach Norderney oder nach Langeoog.

Preise pro Person und Nacht (Norderney/Langeoog)
FR = Übernachtung mit Frühstück
VP = Übernachtung und 3 Mahlzeiten

	FR	VP
Schüler/-innen und Jugendliche:	22,00 €	27,00 €
Erwachsene (über 18 Jahre):	30,00 €	36,00 €

Angebot von „Nord Bus"
Die Busfahrt nach **Langeoog** kostet pro Schüler 56 €. Der Preis umfasst die Fährkosten.
Die Busfahrt nach **Norderney** kostet pro Schüler 50 €. Zusätzlich kostet die Überfahrt mit der Fähre 18,50 € pro Person.
Die Preise umfassen Hin- und Rückfahrt.

Angebot von „Rhein Reisen"
Für Ihre Klassenfahrt mit 50 Schülern können wir folgendes Angebot machen: Komplettpreis Fahrtkosten hin und zurück (inklusive Fährkosten):
Langeoog: 2 750 €
Norderney: 3 500 €

1 In den Klassen 4 a und 4 b gibt es zusammen 50 Kinder.
Die Klassen berechnen für vier verschiedene Möglichkeiten die Kosten.

Norderney „Nord Bus" 4 Übernachtungen mit Vollpension (VP)

Norderney „Rhein Reisen" 4 Übernachtungen mit Vollpension (VP)

Langeoog „Nord Bus" 4 Übernachtungen mit Vollpension (VP)

Langeoog „Rhein Reisen" 4 Übernachtungen mit Vollpension (VP)

a) Gruppenarbeit: Berechnet für jede Möglichkeit den Preis pro Kind.
b) Erstellt ein Plakat. Stellt euch gegenseitig eure Rechnungen vor.
c) Welches Angebot ist am günstigsten? Welches Angebot ist am teuersten?

Norderney mit „Nord Bus"

Busfahrt:	50,00 €
Fähre:	+ 18,50 €
4 Übernachtungen (VP)	+ ______
Preis pro Kind:	______

2 Der Förderverein der Grundschule bezahlt von den Kosten 200 Euro.
Wie viel muss jedes Kind dadurch weniger bezahlen?

3 Was wurde hier ausgerechnet?

A $50 \cdot 56\text{ €} = 2\,800\text{ €}$ B $4 \cdot 27\text{ €} = 108\text{ €}$ C $2\,750\text{ €} : 50 = 55\text{ €}$ D $50 \cdot 18{,}50\text{ €} = 925\text{ €}$

1 Die Klasse 4 b hat sich für Norderney entschieden. Es gibt viel zu unternehmen.

Dünen-Minigolf Georgshöhe

18 Bahnen
direkt am Nordstrand

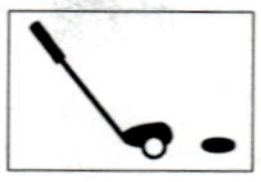

Erwachsene: 3 €
Kinder unter 12 Jahren: 2 €

Fischen & Forschen

Fischfang vom Strand aus. Mit einem Gliep werden Meeresbewohner gefangen und anschließend untersucht.

Dauer: 2 Stunden
Preis: 6 € pro Person

Schwimmbad

Preise (für 2 Stunden):
Kinder: 5,50 € — 5er-Karte: 23,50 €
Erwachsene: 8,00 € — 5er-Karte: 35,00 €

Wattwanderung mit Ralf

Preis (2 Std): 4,50 € pro Person
Preis (3 Std): 6,00 € pro Person

Windsurfkurs

Einstieg in das Windsurfen. Der Höhepunkt auf jeder Klassenfahrt!
Balancieren, Segel aufholen, Startposition, kleine Strecken surfen
Dauer: 2 Stunden — Preis: 19 € pro Person

2 Die Klasse 4 b hat ihr Programm für die Klassenfahrt geplant.
In der Klasse gibt es 25 Kinder.

	Montag	Dienstag	Mittwoch	Donnerstag	Freitag
vormittags	Ankunft	Sandburgen-Wettbewerb	Wattwanderung 2 Stunden	Schwimmbad 2 Stunden	Besuch der Innenstadt
nachmittags	Schatzsuche am Strand	Wanderung zum Schiffswrack	Strandolympiade	Fischen und Forschen	Abfahrt
abends	Leseabend	Spieleabend	Nachtwanderung	Disco	

a) Welche Angebote kosten extra?
b) Berechnet die Kosten pro Kind.

3 Vor der Klassenfahrt berechnet der Klassenlehrer die Gesamtkosten für die Klasse 4 b.

Abrechnung Norderney für die Klasse 4 b		
	Einzelpreis	Gesamtpreis (25 Kinder)
Fahrt Bus und Fähre	68,50 €	
4 Übernachtungen VP	108,00 €	
Wattwanderung 2 Stunden		
Fischen und Forschen		
Schwimmbad 2 Stunden		
	Gesamtkosten	

4 Vor der Klassenfahrt wurde für jedes Kind 195 € bezahlt.
Der Förderverein zahlt 100 €.
a) Wie hoch ist die Gesamtsumme?
b) Wie viel Geld bleibt übrig?
c) Wie viel erhält jedes Kind zurück?

5 Plant euer eigenes Programm für die Klassenfahrt.
Für jedes Kind stehen höchstens 20 Euro für Aktivitäten zur Verfügung.
a) Berechnet die Kosten pro Kind.
b) Berechnet die Gesamtkosten für die Klassenfahrt.

1 Ordne zu: A = ___ l

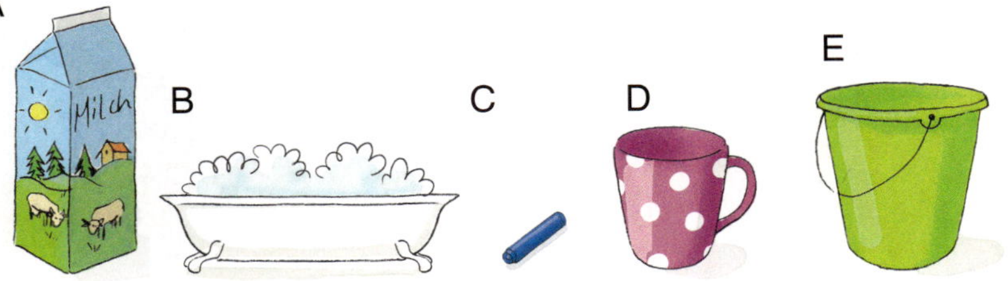

1 l | 250 ml | 120 l | 1 ml | 10 l

2 Neun Angaben, aber nur drei verschiedene Mengen Flüssigkeit. Was ist gleich?

2,5 l | $2\frac{3}{4}$ l | 250 ml | 2 750 ml | $\frac{1}{4}$ l | 2 500 ml | 2,75 l | 0,25 l | $2\frac{1}{2}$ l

3 Dividiere mit Zahlenblick.

a) 60 300 : 30   b) 35 000 : 500
60 030 : 6   30 050 : 50

4 Dividiere schriftlich.

a) 51 030 : 7   b) 43 680 : 70

5 Zwei Aufgaben sind falsch gerechnet.
Prüfe mit dem ersten Schritt.
Rechne richtig.

42 708 : 4 = 1 067
45 330 : 6 = 7 555
90 008 : 8 = 1 251

6 Klassenfahrt in der Klasse 4 c
26 Kinder und vier Erwachsene fahren mit.

a) Für die Fahrt muss jedes Kind 48,50 € bezahlen.
Die Erwachsenen zahlen das Doppelte.

b) Der Eintritt in den Zoo kostet für alle zusammen 105 €.
Alle zahlen gleich viel.
Dieses Geld muss noch eingesammelt werden.

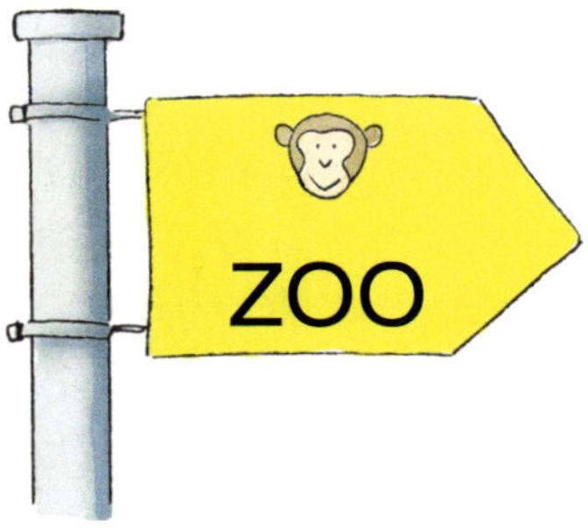

7 Körperrätsel:
Welcher Körper ist es?

a) Der Körper hat acht Ecken, sechs Flächen und zwölf gleich lange Kanten.

b) Der Körper hat fünf Ecken, fünf Flächen und acht Kanten.

c) Der Körper hat zwei Kanten und drei Flächen.

d) Der Körper hat eine Spitze, zwei Flächen und eine Kante.

1

Auf welchen Kreisen ist ein Drittel gefärbt?

A: 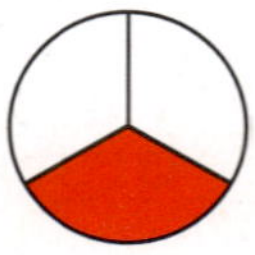 B: 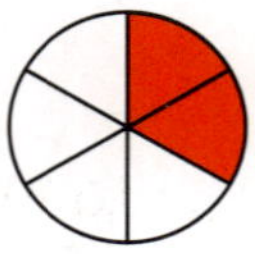

C: 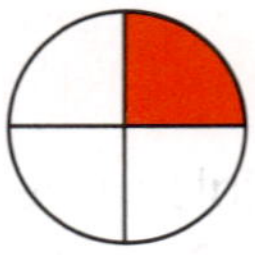 D: 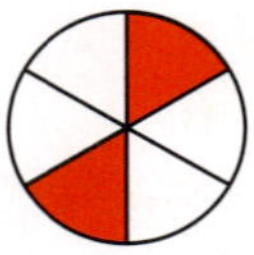

2

Welche Figuren haben einen Flächeninhalt von 10 m^2?

A: 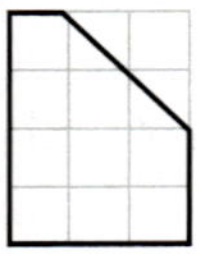 B: 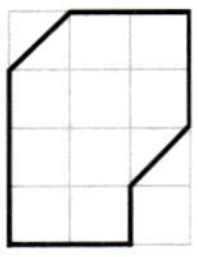

C: 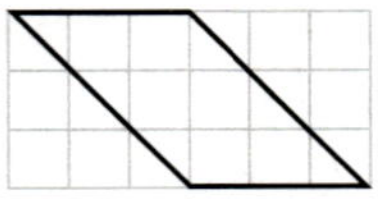 D: 

3

Vorspeisen	Hauptspeisen	Nachspeisen
• Suppe • Salat	• Pizza • Spaghetti Bolognese • Fischstäbchen	• Eis • Pudding • Muffin • Obst

Ein Menü besteht aus einer Vorspeise, einer Hauptspeise und einer Nachspeise.
Wie viele verschiedene Menüs gibt es?

A: 9 Menüs B: 12 Menüs
C: 18 Menüs D: 24 Menüs

4

Wie heißt Sarahs Zahl?

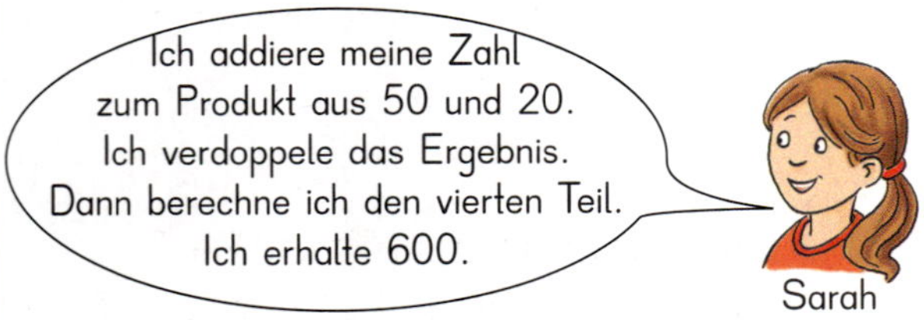

A: 100 B: 200 C: 1 130 D: 1 170

5

Welche Zahlen passen?

__ · 250 < 3 000 : 2

A: 2 B: 4 C: 6 D: 8

6

Drei Körpernetze: Zu welchem Körper gibt es kein Netz?

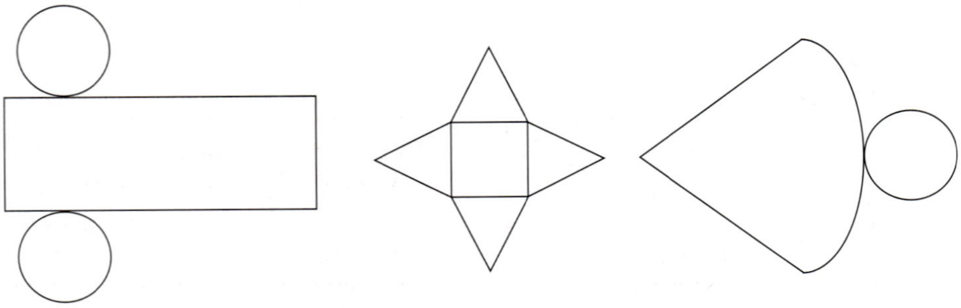

A: Zylinder

B: Kugel

C: Kegel

D: Pyramide

Kopiervorlage auf DVD Digitale Lehrermaterialien 4 oder als kostenloser Download

Wahrscheinlichkeit

1 Nele spielt gerne „Mensch ärgere dich nicht“. Sie wählt immer die roten Steine.
Hier sind Zwischenstände aus verschiedenen Spielen zu sehen.

Spiel 1

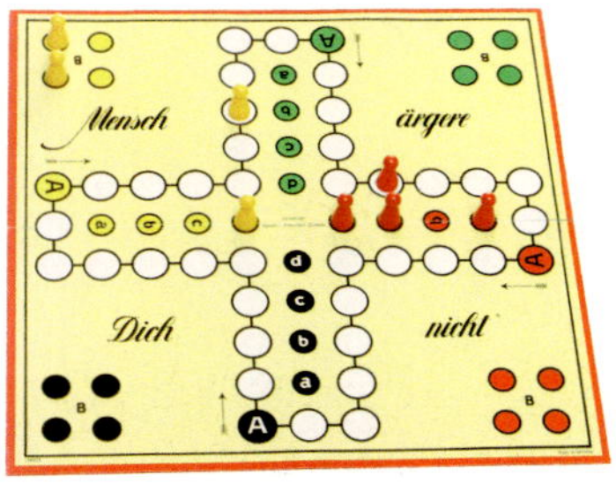

Spiel 2

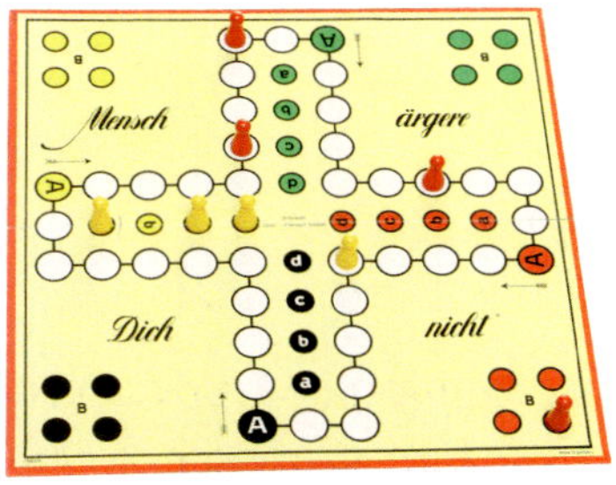

Spiel 3

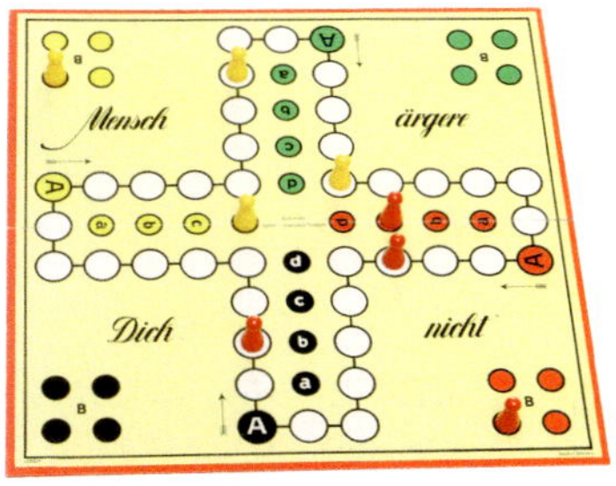

Was meint ihr: Wird Nele gewinnen? Schätzt die Wahrscheinlichkeit dafür ein.

!

Das ist	unmöglich	unwahrscheinlich	wahrscheinlich	sicher
Das passiert	nie	selten	häufig	immer

2 Schwarz gegen Grün. Wird Schwarz gewinnen? Schätzt die Wahrscheinlichkeit ein.
Wo würdet ihr sie auf dem Wahrscheinlichkeitsstreifen einordnen?

Spiel 1

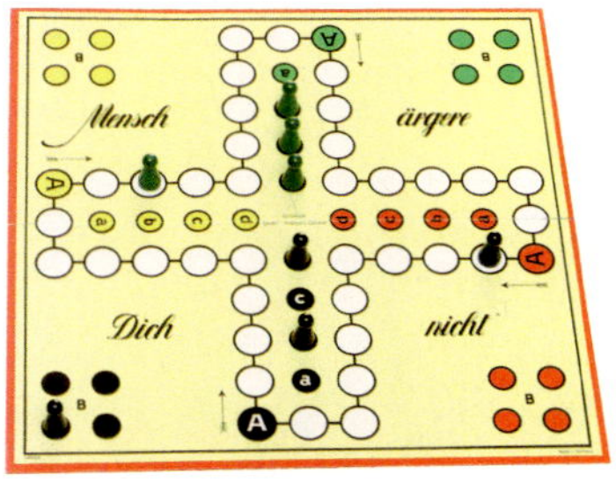

Spiel 2

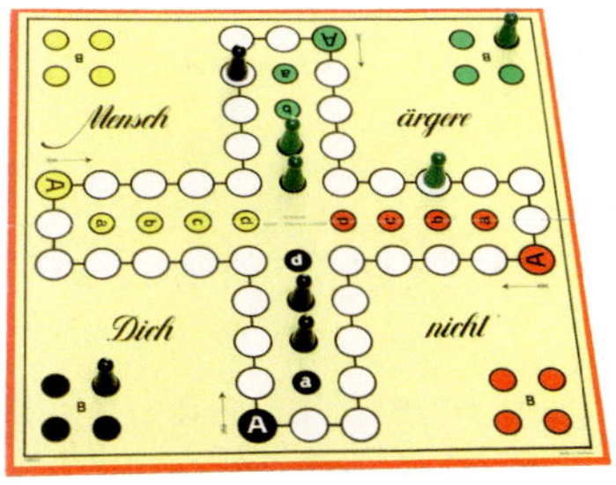

Spiel 3

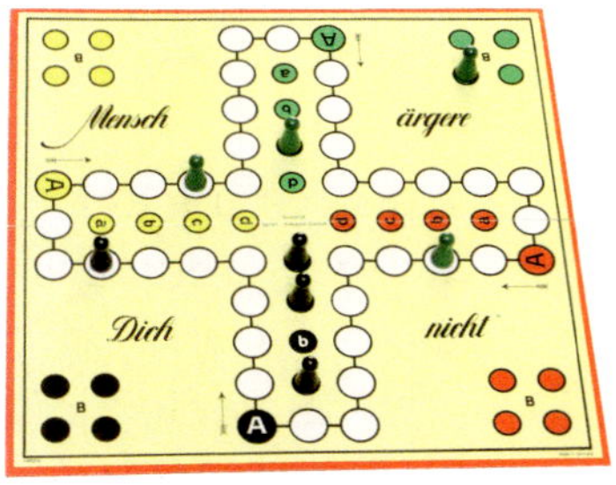

3 Geburtstage am selben Tag, im selben Monat:
Zahlix hat verschiedene Ereignisse aufgeschrieben.
Was meint ihr? Passiert das Ereignis häufig oder selten?
Ist es wahrscheinlich oder unwahrscheinlich? Schätzt die Wahrscheinlichkeit ein.
Wo würdet ihr sie auf dem Wahrscheinlichkeitsstreifen einordnen?

a) Zwei Kinder in der Klasse haben am selben Tag Geburtstag.

b) Zwei Kinder in der Klasse haben am 30. Februar Geburtstag.

c) Zwei Kinder in der Klasse haben im September Geburtstag.

d) Es gibt einen Monat, in dem mindestens zwei Kinder in der Klasse Geburtstag haben.

e) Es gibt einen Monat, in dem mehr als zehn Kinder in der Klasse Geburtstag haben.

Augenprodukt würfeln
– Würfelt mit zwei Würfeln. – Berechnet das Produkt der Augenzahlen.

Das ist	unmöglich	unwahrscheinlich	wahrscheinlich	sicher
Das passiert	nie	selten	häufig	immer

1 Schätzt ein: Ist das Ereignis unmöglich, unwahrscheinlich, wahrscheinlich oder sicher? Wo würdet ihr es auf dem Wahrscheinlichkeitsstreifen einordnen? Könnt ihr eure Entscheidung begründen?

a) Augenprodukt größer als 30
b) Augenprodukt kleiner als 20
c) Augenprodukt kleiner als 5
d) Augenprodukt 11

2 Spielt das Würfelspiel zu zweit.
Jedes Kind wählt eine Ereigniskarte aus Aufgabe 1. Es wird abwechselnd gewürfelt. Passen die gewürfelten Augenzahlen zur Ereigniskarte, erhält das Kind einen Punkt. Das Spiel endet, wenn zehn Punkte verteilt sind.

3 Manche Augenprodukte kommen häufiger vor als andere.
Schreibt die Tabelle vollständig in euer Heft.
a) Welche Augenprodukte kommen in der Tabelle nur einmal vor?
b) Welche Augenprodukte kommen am häufigsten vor?
c) Welche Zahlen unter 20 kommen nie als Augenprodukte vor?

grüner Würfel

gelber Würfel

•	1	2	3	4	5	6
1	1	2	3	4	5	6
2	2	4	6	8	10	12
3	3	6	9	12	15	18
4						
5						
6						

4 Schreibt zu jeder Ereigniskarte in Aufgabe 1 auf, wie häufig das Ereignis in der Tabelle vorkommt.

5 Tom behauptet: „Zu den Augenprodukten 8 und 20 gibt es gleich viele Möglichkeiten." Hat er recht? Begründet.

6 Schreibt zu jeder Ereigniskarte auf, wie häufig das Ereignis vorkommt.

a) Augenprodukt ungerade
b) Augenprodukt gerade
c) Augenprodukt eine Quadratzahl
d) Augenprodukt durch 3 teilbar

7 Faires Spiel: Immer zwei Ereigniskarten haben dieselbe Gewinnchance. Welche sind es?

A Augenprodukt größer als 5
B Augenprodukt Zahl der 6er-Reihe
C Augenprodukt kleiner als 17
D Augenprodukt Zahl der 4er-Reihe

8 Erfindet zwei Ereigniskarten, sodass euer Spiel fair ist. Spielt.

Zeichnen

Max Bill, 1942

1 Wo erkennt ihr im Bild des Künstlers Max Bill
a) rechte Winkel, b) senkrechte Geraden,
c) parallele Geraden?

2 Zeichne wie Max Bill ein Bild mit rechten Winkeln, senkrechten Geraden und parallelen Geraden. Nutze dazu dein Geodreieck. Die folgenden Tipps können dir helfen:

So zeichnest du mit dem Geodreieck rechte Winkel und senkrechte Geraden:
erst eine Gerade, dann die zweite Gerade senkrecht dazu.

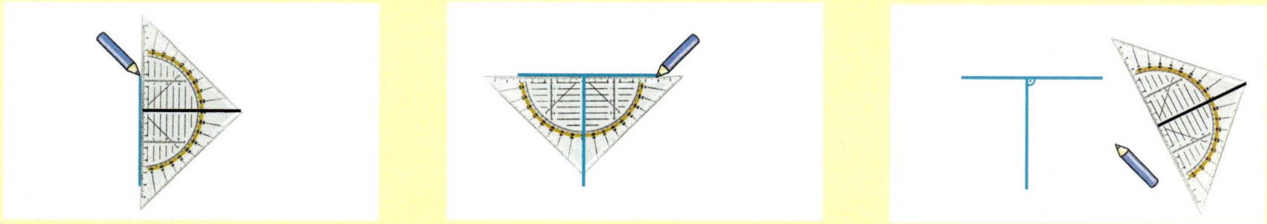

So zeichnest du mit dem Geodreieck parallele Geraden:

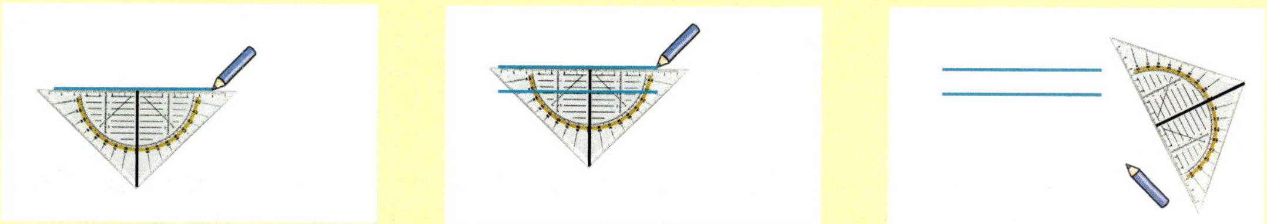

1 Nimm ein Blatt Papier. Zeichne mit dem Geodreieck.
a) Zeichne zwei Geraden, die senkrecht aufeinander stehen.
b) Zeichne drei parallele Geraden.

2 Nimm ein Blatt Papier. Zeichne mit dem Geodreieck.
a) Zeichne zwei parallele Geraden.
b) Miss den Abstand zwischen ihnen.

3 Zeichne eine Gerade. Zeichne zu dieser Geraden drei senkrechte Geraden.
Was kannst du über diese drei Geraden sagen?

4 Zeichne eine Gerade und dazu eine senkrechte Gerade.
Zeichne zu der zweiten Geraden wieder eine senkrechte Gerade.
Was kannst du über die erste Gerade und die dritte Gerade sagen?

5 Zeichne drei verschiedene Vierecke, immer aus vier Geraden. Hier siehst du Beispiele.

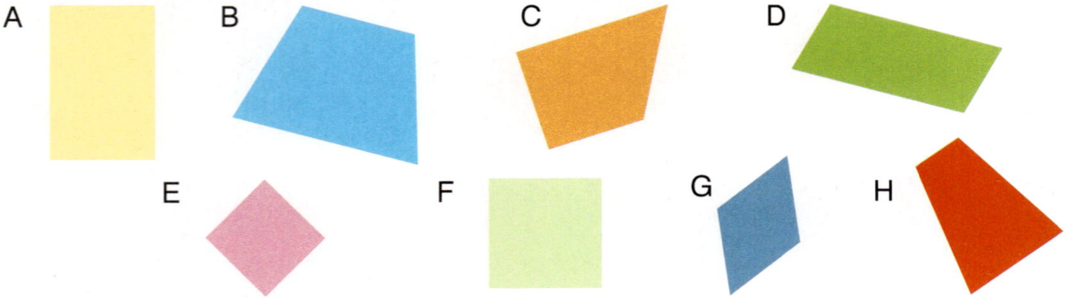

6 Welche Vierecke aus den Beispielen von Aufgabe 5 könnten die Kinder gezeichnet haben? Es gibt mehrere Lösungen.

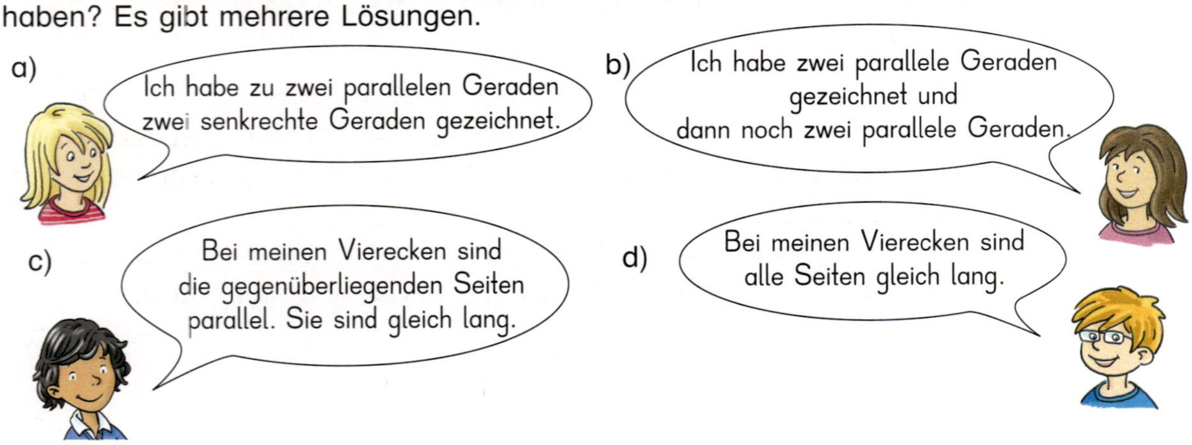

Ein Parallelogramm ist ein Viereck, bei dem die gegenüberliegenden Seiten parallel sind. Sie sind gleich lang.

Eine Raute ist ein Viereck, bei dem alle Seiten gleich lang sind.

!

7 Erkläre.
a) Ein Rechteck ist auch ein Parallelogramm. b) Eine Raute ist auch ein Parallelogramm.
c) Ein Quadrat ist auch ein Parallelogramm. d) Ein Quadrat ist auch eine Raute.

Muster mit Quadraten

1 Anna hat ein Quadrat mit der Seitenlänge 7 cm gezeichnet. Erkläre, dann zeichne.

2 Zeichne Quadrate. Seitenlänge: a) 4 cm b) 55 mm c) 8 cm

3 Zeichne immer zuerst ein Quadrat mit der Seitenlänge 4 cm.
Dann zeichne die Punkte. Welche Punkte musst du verbinden?

A
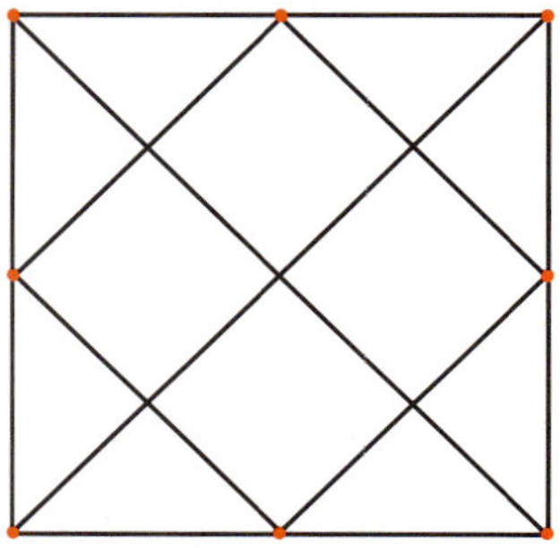

B
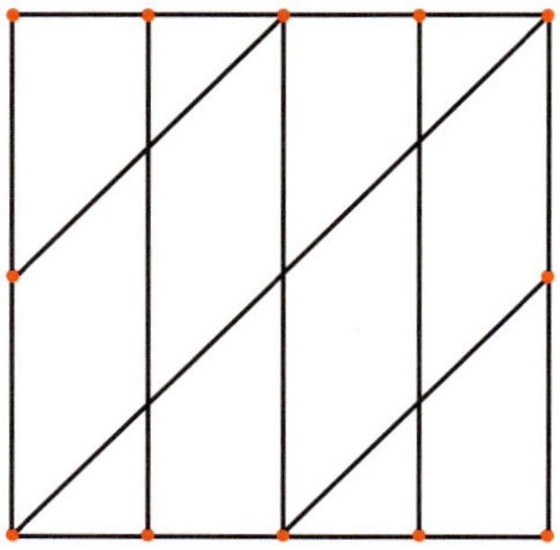

C
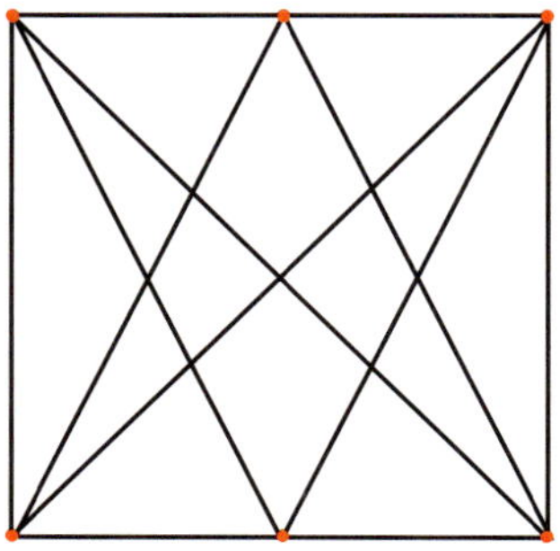

4 a) Wo entdeckt ihr in den Mustern von Aufgabe 3 parallele Linien? Zeigt sie euch.
b) Wo entdeckt ihr in den Mustern rechte Winkel? Zeigt sie euch.
c) Welche Muster sind achsensymmetrisch?
Wie viele Spiegelachsen haben sie jeweils ?

5 a) Malt jedes Muster von Aufgabe 3 bunt aus.
b) Ist das ausgemalte Muster achsensymmetrisch?

6 a) Zeichnet eigene Quadratmuster.
b) Wo entdeckt ihr in euren Mustern parallele Linien?
Wo entdeckt ihr rechte Winkel? Zeigt sie euch.
c) Sind eure Muster achsensymmetrisch?

7 Optische Täuschungen. Prüfe jeweils, ob es ein Quadrat ist.

a)
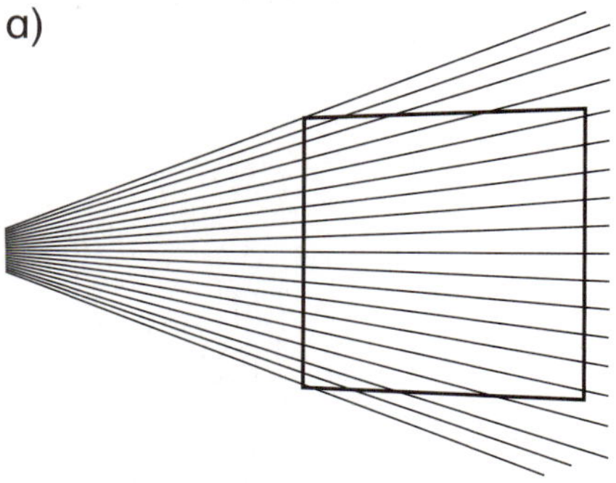

b)
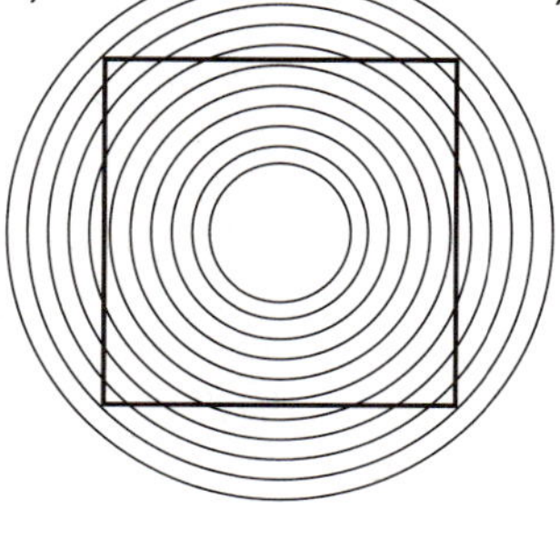

c)
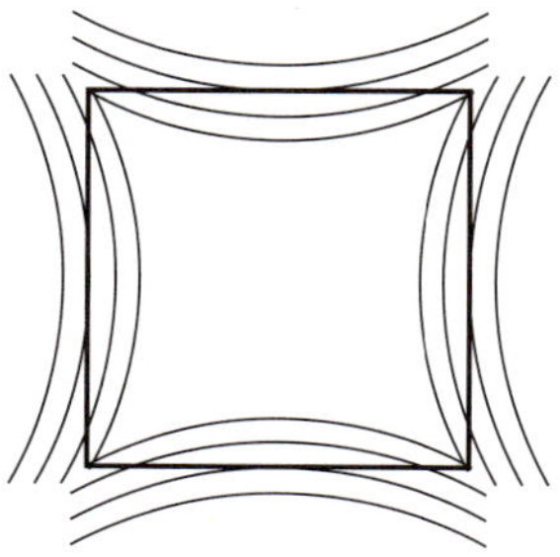

1 Mit einem Faltwinkel kannst du rechte Winkel überprüfen.

a) Stelle einen Faltwinkel her.

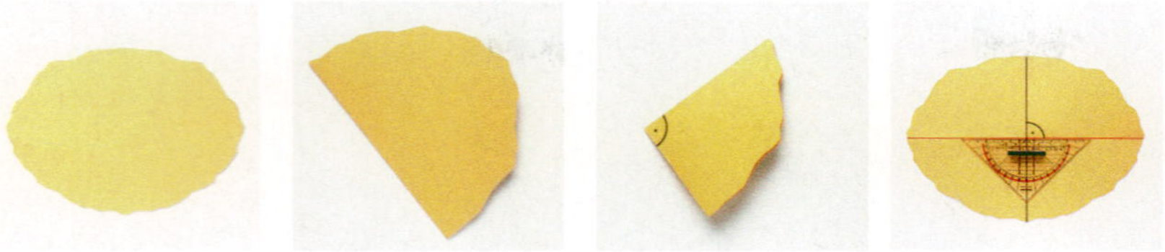

b) Suche rechte Winkel in deinem Klassenraum.

2 Was ist parallel? Was ist senkrecht? Wo sind rechte Winkel? Zeigt.

a)

b)
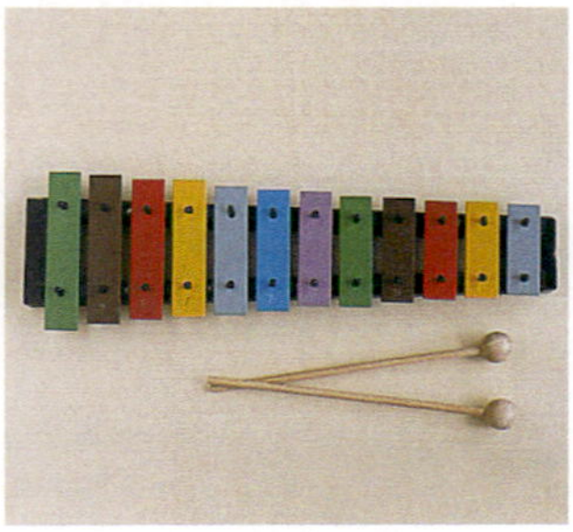

c)

d)

e)

f)

g)

h)

3 Was wäre, wenn …

a) … die Leiter so aussehen würde?

b) … die Schienen so verlaufen würden?

c) … die Streichholzschachtel so aussehen würde?

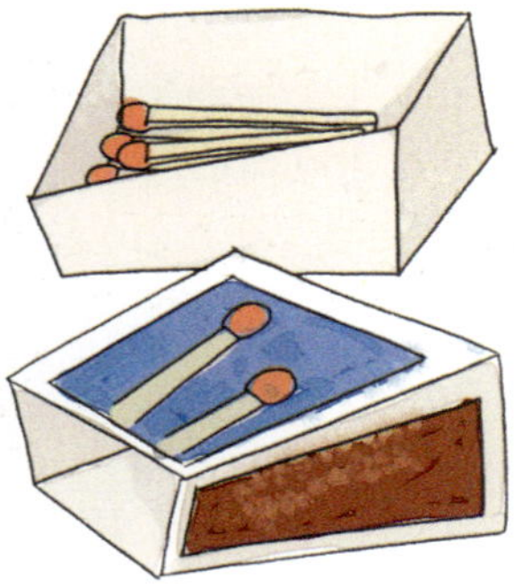

1

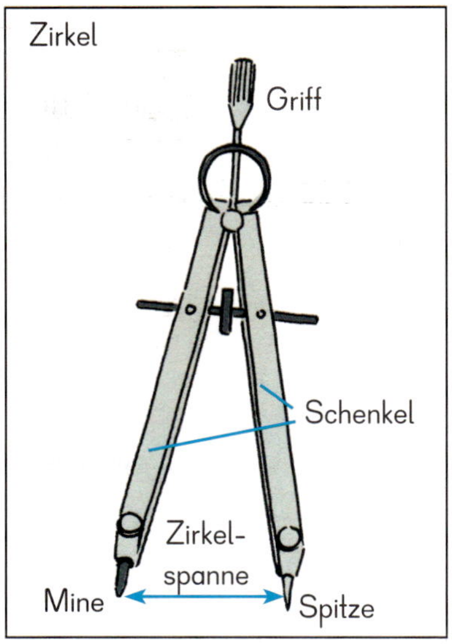

2 So kannst du mit dem Zirkel einen Kreis zeichnen:

Radius einstellen.

Mittelpunkt markieren, dann einstechen.

Kreislinie ziehen.

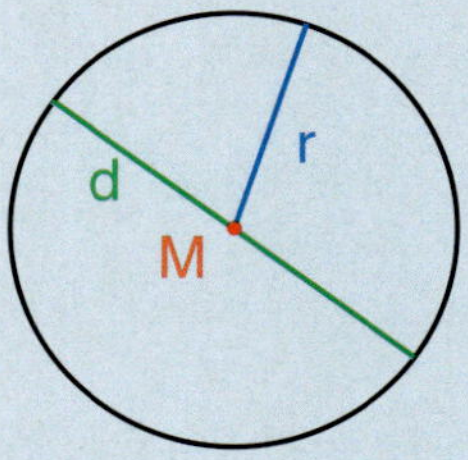

r = 1,5 cm
d = 3 cm

Der Kreis hat einen Mittelpunkt M, einen Radius r und einen Durchmesser d.

Der Durchmesser
- halbiert den Kreis,
- geht durch den Mittelpunkt,
- ist doppelt so lang wie der Radius.

3 Zeichne einen Kreis.
So groß soll der Radius r sein:
a) 3 cm, b) 5 cm, c) 4,5 cm.
d) Miss bei jedem Kreis, wie groß der Durchmesser d ist.

4 Zeichne einen Kreis. Miss den Radius r und den Durchmesser d.

5 Zeichne mit dem Zirkel um einen Mittelpunkt M vier verschieden große Kreise. Miss bei jedem Kreis den Radius r und den Durchmesser d.

6 Zeichne zuerst ein Quadrat mit der Seitenlänge 6 cm.
Dann zeichne mit dem Zirkel das Muster nach.
Wo sind die Mittelpunkte? Zeige. Male das Muster aus.

a)

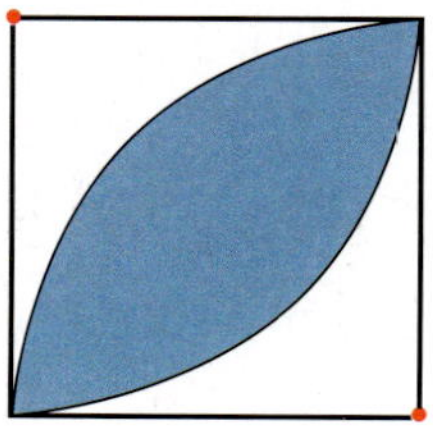

b)

c)

d)

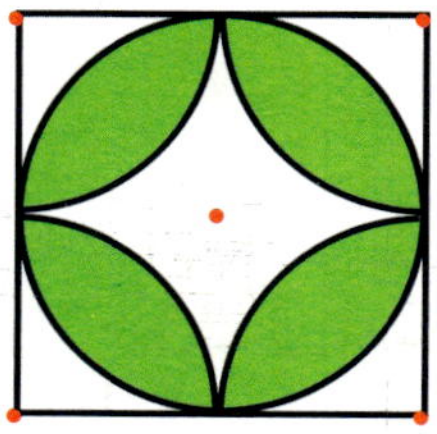

1 Zeichne mit Zirkel und Geodreieck

a) einen Kreis mit dem Durchmesser d = 8 cm,

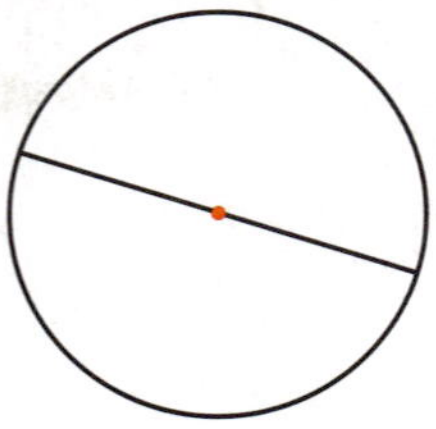

b) die Senkrechte zum Durchmesser,

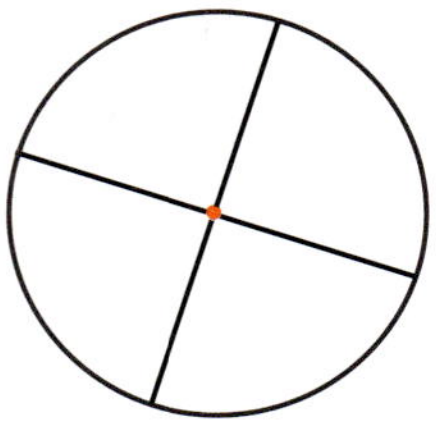

c) einen Kreis mit dem Durchmesser d = 4 cm

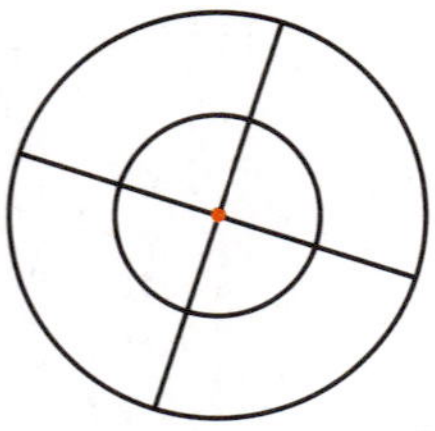

d) und vier Halbkreise. Male aus. Fertig ist ein Muster.

2 Zeichne mit Zirkel und Geodreieck das grüne Kreismuster.

3 Die Kreismuster von Aufgabe 1 und Aufgabe 2 sind drehsymmetrisch. Sind sie auch achsensymmetrisch?

4 a) Zeichne mit Zirkel und Geodreieck eine Windmühle.

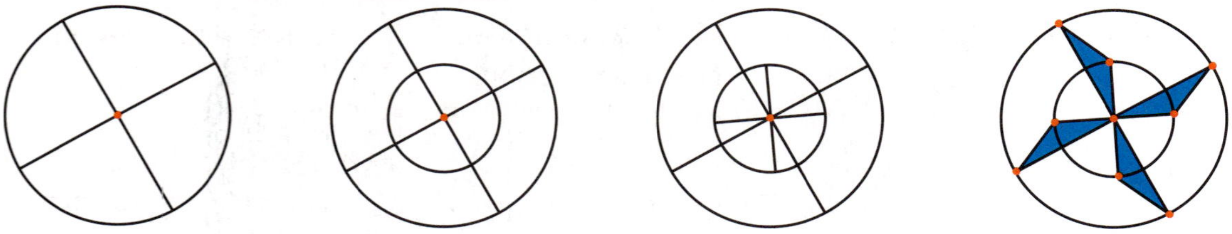

b) Zeichne auch eine Windmühle, die sich andersherum dreht.

c) Sind die Windmühlen drehsymmetrisch?

d) Sind die Windmühlen achsensymmetrisch?

5 a) Zeichne mit Zirkel und Geodreieck dieses Kreismuster. Der große Kreis hat den Durchmesser d = 8 cm. Die kleinen Kreise haben den Durchmesser d = 4 cm.

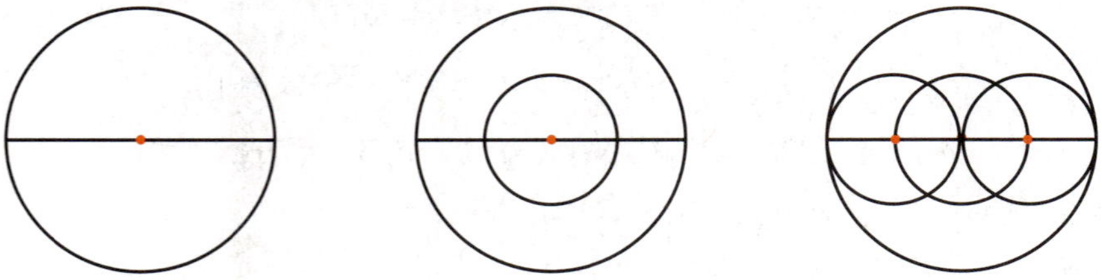

b) Ist das Kreismuster drehsymmetrisch?

c) Ist das Kreismuster achsensymmetrisch?

6 a) Male dein Kreismuster aus Aufgabe 5 aus.

b) Ist das ausgemalte Kreismuster drehsymmetrisch?

c) Ist das ausgemalte Kreismuster achsensymmetrisch?

1 Aus einem Kreis kann man auch ein Sechseck herstellen. Zeichne.

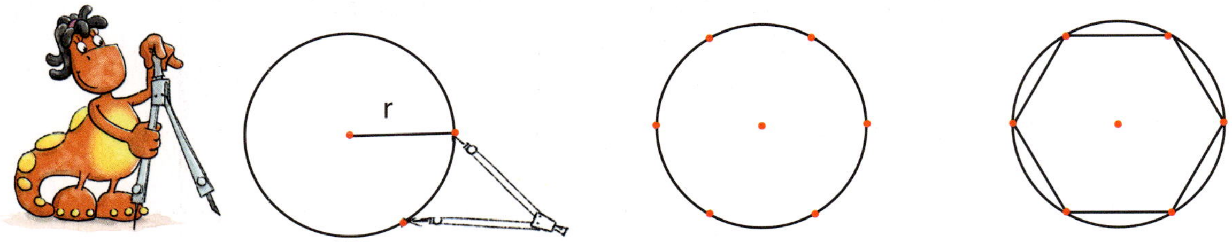

Kreis zeichnen. Radius sechsmal abtragen. Punkte verbinden.

2 Die Kinder haben ihre Sechsecke ausgemalt. Überlegt und prüft mit dem Spiegel.

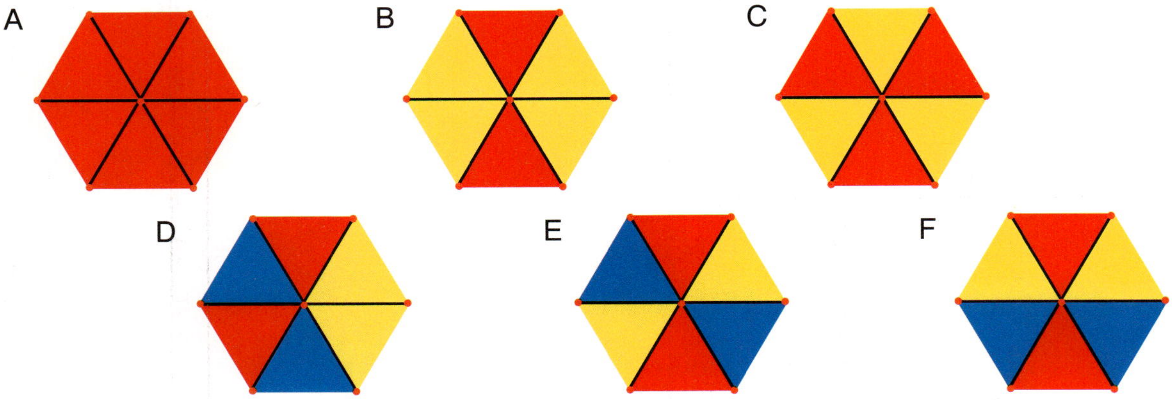

a) Welche Sechsecke sind achsensymmetrisch? Wie viele Spiegelachsen findet ihr?

b) Welche Sechsecke sind drehsymmetrisch?
Welche davon sind auch achsensymmetrisch?

c) Welches Sechseck ist weder achsensymmetrisch noch drehsymmetrisch?

3 Zeichne ein Achteck.

- Zeichne zuerst ein Quadrat mit der Seitenlänge 6 cm.
  Dann teile es in acht Dreiecke wie im ersten Bild.
- Nun zeichne den Kreis wie im zweiten Bild.
  Wo liegt der Mittelpunkt? Wie groß ist der Radius?
- Verbinde die Punkte so, dass ein Achteck entsteht.

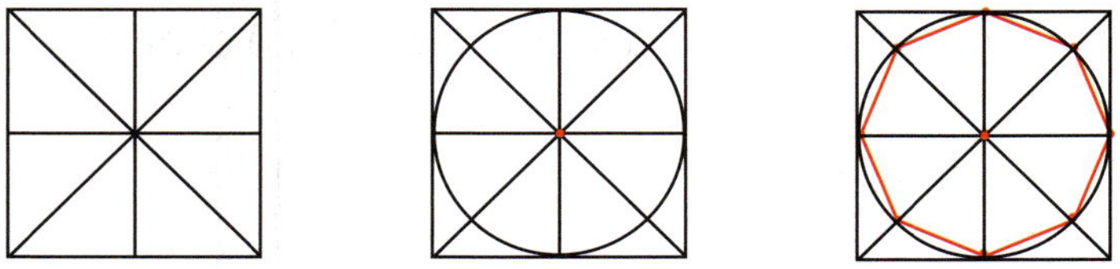

Quadrat Kreis Achteck

4 Zeichnet ein Achteck. Malt es mit zwei Farben aus.

a) Das Achteck soll achsensymmetrisch sein. Wie viele Spiegelachsen findet ihr?

b) Das Achteck soll nicht achsensymmetrisch sein.

5 Zeichne ein Achteck wie in Aufgabe 3. Male es mit drei Farben so aus, dass es achsensymmetrisch und drehsymmetrisch ist.

Nach dieser Seite empfiehlt sich Diagnosetest D14.

Die Welt steckt voller Mathematik.
Das Haus der Nautilus-Schnecke hat die Form einer Spirale.
Darin ist eine besondere Zahlenfolge versteckt.
Du kannst selbst eine solche Spirale zeichnen
und die Zahlenfolge entdecken. Das Bild hilft dir.

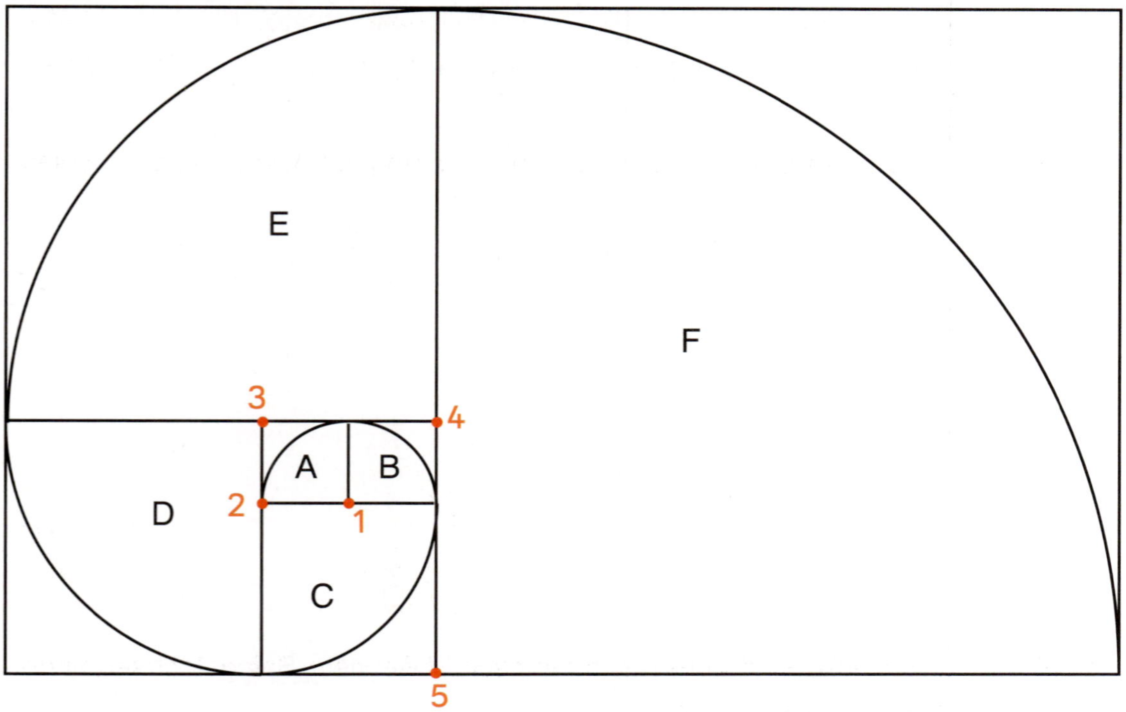

1 a) Zeichne erst die Quadrate A und B. Beide sollen die Seitenlänge 1 cm haben.
b) Welche Seitenlänge hat das Quadrat C? Zeichne es.
c) Nun zeichne nacheinander die Quadrate D, E und F.
d) Setze fort. Zeichne das nächste Quadrat G.

2 a) Zeichne Viertelkreise so in die Quadrate, dass eine Spirale entsteht. Beginne mit dem Mittelpunkt 1. Ziehe die Spirale mit einem roten Farbstift nach.
b) Wie geht es weiter? Kannst du den Viertelkreis im Quadrat G zeichnen?

3 a) Schreibe den Radius der Viertelkreise auf. Beginne mit dem kleinsten Radius.

1,	1,	2,

b) Findest du die Regel der Zahlenfolge?
Wenn ich zwei nebeneinander stehende Zahlen .... , erhalte ich ....
c) Setze die Zahlenfolge nach dieser Regel fort. Schreibe noch vier Zahlen.

4 Auf dem Schulhof könnt ihr eine größere Spirale zeichnen. Benutzt Kreide, Zollstöcke und eine lange Schnur. Beginnt mit einem Meterquadrat.

Daten, Diagramme, Pläne

1 Lest am Balkendiagramm ab.
a) In welchen Sportvereinen sind mehr Mädchen, in welchen mehr Jungen?
b) Wie viele Kinder (Mädchen und Jungen zusammen) sind in jedem Sportverein?

2 Welche Vereinssportarten sind in eurer Klasse vertreten? Macht eine Umfrage und zeichnet ein Balkendiagramm.

3 Welches ist das beliebteste Haustier in Deutschland? Welche Haustiere kommen dann?

4 Stimmt das?
a) Es gibt fast so viele Kleintiere wie Vögel und Fische zusammen.
b) Es gibt über 2 Millionen mehr Hunde als Vögel.
c) Findet selbst richtige Vergleiche.

5 Runde die Angaben aus dem Kreisdiagramm auf Millionen. Zeichne ein Säulendiagramm. Zeichne ein Kästchen für 1 Mio.

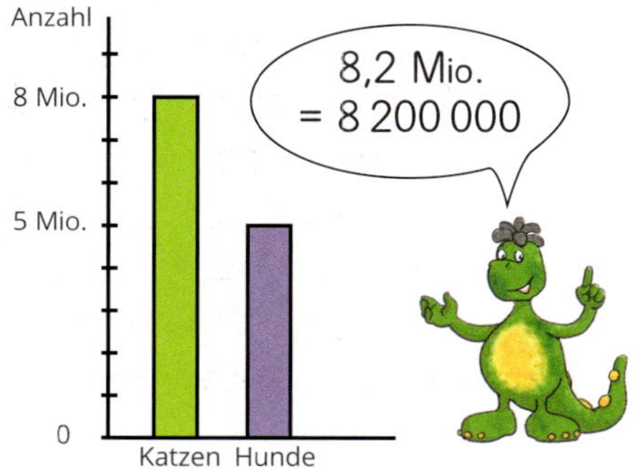

6 Löse das Rätsel in der Knobelecke.

Sonderausgabe Welt der Zahl

Beliebte Vereinssportarten von Kindern zwischen 7 und 14 Jahren

Die beliebtesten Sportarten, die Kinder im Verein machen, sind Fußball mit 1,4 Mio. Kindern und Turnen mit 0,9 Mio. Kindern. Doch auch andere Sportarten sind beliebt. Viele Kinder sind dort Mitglieder in Vereinen. Welche es sind, siehst du im Balkendiagramm.

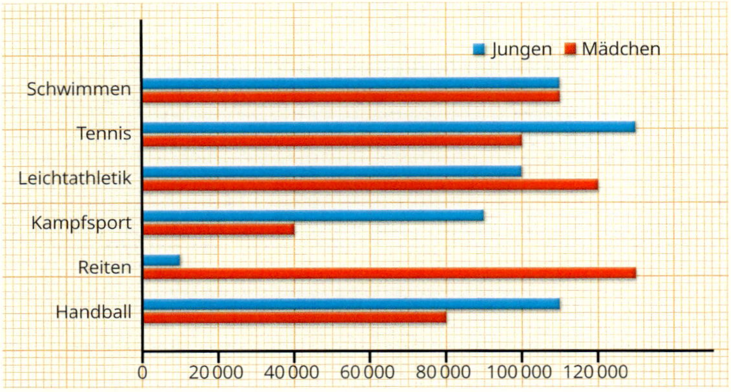

Haustiere in Deutschland

Insgesamt gibt es in Deutschland etwa 23,2 Mio. Haustiere. Darunter sind Katzen, Hunde, Kleintiere wie Hamster und Meerschweinchen, Vögel und Fische. Die genaue Verteilung kannst du dem Kreisdiagramm entnehmen.

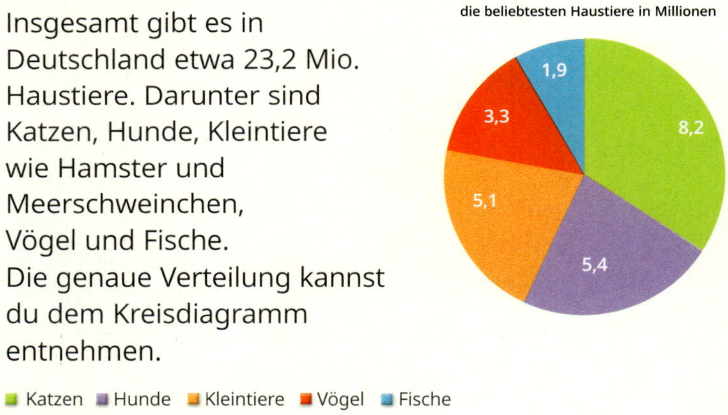

Knobelecke: Shopping Princess

Laura geht sehr gerne shoppen.
Heute bezahlt sie für ihren Einkauf 96 €.
Der Pullover kostet 20 € weniger als die Hose.
Der Schal kostet 18 €.
Wie teuer sind der Pullover und die Hose?

verstehen | fragen | lösen | antworten | prüfen

Interessantes aus der Welt der Zahlen

Die erfolgreichsten Disneyfilme in Deutschland

Schon immer haben Kinder gerne Disneyfilme angeschaut. Die Tabelle zeigt dir, welche Filme in Deutschland bisher am häufigsten angesehen worden sind.

Platz	Film	Besucherzahl
1.	Das Dschungelbuch	27,4 Mio.
2.	Der König der Löwen	11,9 Mio.
3.	Aristocats	11,3 Mio.
4.	Bernhard & Bianca	9,8 Mio.
5.	Findet Nemo	8,9 Mio.
6.	Ein toller Käfer	7,4 Mio.

Das Wetter am Donnerstag

Meistens sonnig, Temperaturen bis 30°C

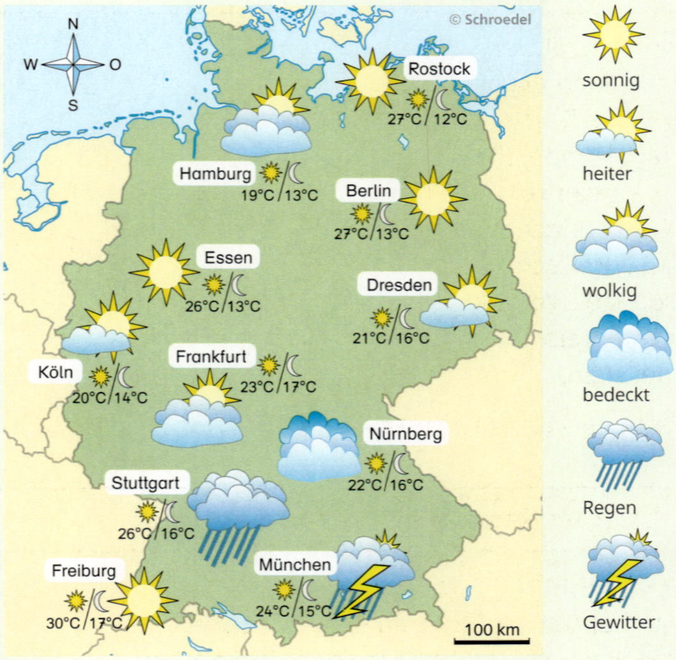

22°C / 16°C höchste Temperatur am Tag / tiefste Temperatur in der Nacht

1 Schreibe die Besucherzahlen aus der Tabelle mit allen Ziffern.
27,4 Mio. = 27400000

2 Runde die Besucherzahlen auf Millionen. 27,4 Mio. ≈ 27 Mio.

3 Zeichne ein Säulendiagramm mit den gerundeten Werten aus Aufgabe 2. Überlege zuerst:
1 Kästchen entspricht ...

4 Welcher Film ist euer Lieblingsfilm?
Macht eine Umfrage und zeichnet ein Säulendiagramm.
Überlegt zuerst:
1 Kästchen entspricht ...

5 a) Was könnt ihr aus der Wetterkarte ablesen? Erzählt.
b) Wo ist es am Tag am wärmsten, wo am kältesten? Und in der Nacht?

6 Wie ist das Wetter in der Gegend von
a) Rostock, b) Köln,
c) Frankfurt, d) München?

7 Die Kinder haben eine Woche lang jeden Tag mittags die Temperaturen gemessen und in eine Tabelle eingetragen.

Wochentag	Mo	Di	Mi	Do	Fr	Sa	So
Temperatur	22°	19°	18°	21°	22°	25°	27°

Zeichne ein Diagramm.
1 Kästchen für 1 Grad.

8 Messt eine Woche lang die Temperaturen zur gleichen Tageszeit.
Legt eine Tabelle an.

Preisvergleiche

1 Die Koch-AG möchte Reibekuchen zubereiten.
Dazu benötigen die Kinder 10 kg Kartoffeln.
Überlegt zuerst, wie ihr die Angebote vergleichen könnt.
Rechnet. Welches Angebot ist am günstigsten?

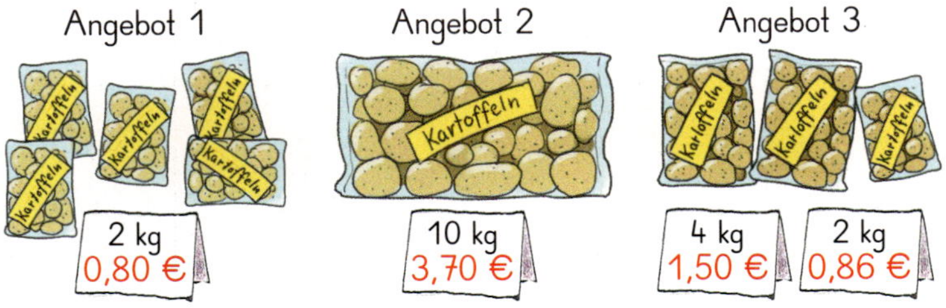

2 Zu den Reibekuchen möchten die Kinder Kräuterquark anbieten.
Dafür benötigen sie 1 kg Quark. Vergleicht.

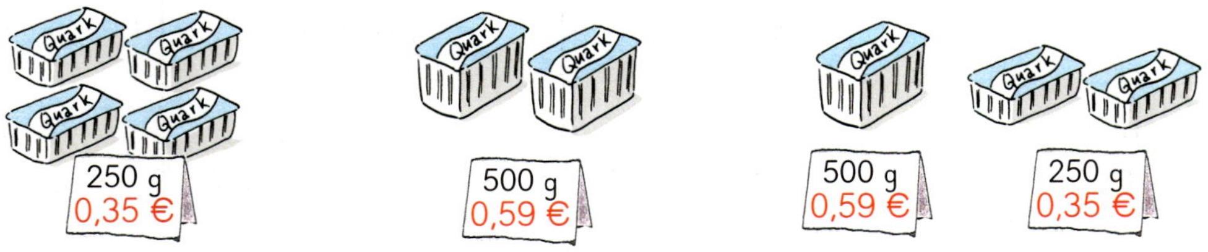

3 Anna glaubt, dass 1 kg Quark zu wenig ist. Sie möchte lieber $1\frac{3}{4}$ kg Quark einkaufen.
a) Rechnet um in Gramm. b) Was soll sie einkaufen? Wie teuer wird es?

4 An einem anderen Tag möchten die Kinder einen Erdbeer-Milchmix machen.
Sie brauchen 1 750 g Erdbeeren und $5\frac{1}{2}$ l Milch. Welche Schalen Erdbeeren und welche Tüten Milch sollen die Kinder kaufen? Überlegt und rechnet.

5 Wie könnt ihr dieses Angebot vergleichen? Erklärt.

$5 \cdot 1{,}10\ € = 5{,}50\ €$
$2 \cdot 2{,}50\ € = 5{,}00\ €$

$1{,}10\ € : 2 = 0{,}55\ €$
$2{,}50\ € : 5 = 0{,}50\ €$

6 Vergleicht auch diese Angebote.

a)

b)

Tim und Tabea wohnen in Aachen.
In den Sommerferien möchten sie mit ihrer Mutter die Oma in Hamburg besuchen.
Sie informieren sich im Internet und finden eine Fahrtmöglichkeit.
Oma hat von tollen Radtouren erzählt. Deshalb möchten sie ihre Fahrräder mitnehmen.

Ihre Fahrtmöglichkeiten						
Bahnhof/Haltestelle	Datum	Zeit		Gleis	Produkte	
Aachen Hbf Dortmund Hbf	Mi, 22.07. Mi, 22.07.	ab an	08:13 10:51	6 20	RE 10413	Regional-Express Richtung: Dortmund Hbf Fahrradmitnahme begrenzt möglich, fahrzeuggebundene Einstiegshilfe vorhanden
Umsteigezeit 34 Min.						
Dortmund Hbf Hamburg Hbf	Mi, 22.07. Mi, 22.07.	ab an	11:25 14:13	10 11	ICE 1028	Intercity Express Richtung: Hamburg-Altona Bordrestaurant
Dauer: 6:00; fährt nicht täglich, Verkehrstage Mo - Fr						

1 Auf dem Plan stehen viele Informationen. Könnt ihr alle Fragen direkt beantworten?
a) Was bedeuten die Abkürzungen Hbf, RE, ICE?
b) Wann fahren die Kinder in Aachen ab und von welchem Gleis?
c) Wann kommen die Kinder in Hamburg an und auf welchem Gleis?
d) Wie lange sind die Kinder unterwegs?

2 Umsteigen in Dortmund.
a) Wann kommen die Kinder in Dortmund an und auf welchem Gleis?
b) Wie lange sind sie bis dahin unterwegs?
c) Wann fahren die Kinder in Dortmund wieder ab und von welchem Gleis?
d) Wie viel Zeit bleibt ihnen zum Umsteigen?
e) Müssen sie beim Umsteigen weit laufen?
f) Wie lange dauert die Fahrt von Dortmund nach Hamburg noch?

3 Der Zug hat Verspätung.
Er kommt erst um 11.35 Uhr in Dortmund an.
Die Kinder schauen auf den Fahrplan.
a) Wann fährt der nächste Zug nach Hamburg ab?
b) Wann kommen sie in Hamburg an?

4 Tims Tante Sarah möchte in Bremen zusteigen.
a) Wann hält der Zug in Bremen?
b) Wie lange dauert die Bahnfahrt von dort bis Hamburg noch?

Abfahrt — DB — **Dortmund Hbf**

Zeit	Zug	Richtung
11:37	ICE 1742	**Köln Hbf** Dortmund Hbf 11:37 - Hagen Hbf 11:56 - Wuppertal Hbf 12:13 - Solingen Hbf 12:25 - Köln Messe/Deutz 12:43 - Köln Hbf 12:48
11:37	IC 2313	**Stuttgart Hbf** Dortmund Hbf 11:37 - Bochum Hbf 11:47 - Essen Hbf 11:58 - Duisburg Hbf 12:10 - Düsseldorf Hbf 12:25 - Köln Hbf 12:50 - Bonn Hbf 13:12 - Koblenz Hbf 13:46 - Mainz Hbf 14:38 - Mannheim Hbf 15:21 - Heidelberg Hbf 15:34 - Vaihingen(Enz) 16:03 - Stuttgart Hbf 16:22
11:48	ICE 547	**Berlin Ostbahnhof** Dortmund Hbf 11:48 - Hamm(Westf) 12:07 - Bielefeld Hbf 12:36 - Hannover Hbf 13:28 - Berlin-Spandau 14:53 - Berlin Hbf 15:11 - Berlin Ostbahnhof 15:22
12:12	ICE 642	**Köln/Bonn Flughafen** Dortmund Hbf 12:12 - Bochum Hbf 12:22 - Essen Hbf 12:34 - Duisburg Hbf 12:47 - Düsseldorf Flughafen 12:57 - Düsseldorf Hbf 13:06 - Köln Messe/Deutz Gl.11-12 13:28 - Köln/Bonn Flughafen 13:44
12:25	IC 2216	**Greifswald** Dortmund Hbf 12:25 - Münster(Westf)Hbf 12:54 - Osnabrück Hbf 13:21 - Bremen Hbf 14:14 - Hamburg-Harburg 15:08 - Hamburg Hbf 15:19 - Schwerin Hbf 16:22 - Bützow 16:55 - Rostock Hbf 17:16 - Ribnitz-Damgarten West 17:42 - Velgast 17:57 - Stralsund Hbf 18:12 - Greifswald 18:34

1 Timo hat an seinem Fahrrad ein Zahlenschloss. Die Geheimzahl besteht aus den Ziffern 1, 2, 4 und 7. Vorne steht die 1. Wo die übrigen Ziffern stehen, hat Timo vergessen. Zahline zeichnet ein Baumdiagramm. So findet sie alle Möglichkeiten. Erkläre. Zeichne ab und setze fort.

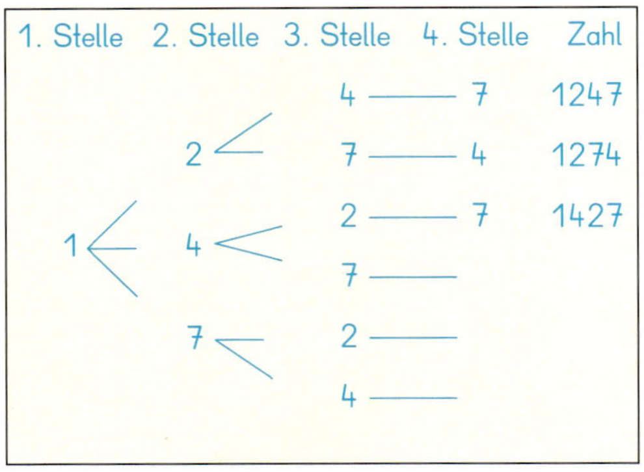

2 a) Idas Geheimzahl besteht auch aus den Ziffern 1, 2, 4 und 7. Sie weiß, dass die 2 vorne steht. Zeichne ein Baumdiagramm.

b) Vergleiche die Anzahl der Möglichkeiten von Timo aus Aufgabe 1 und von Ida.

c) Wie viele Möglichkeiten sind es, wenn du nicht weißt, welche Ziffer vorne steht? Erkläre.

3 Katis Geheimzahl besteht aus den Ziffern 2, 4 und 7; die Ziffer 7 kommt doppelt vor. Auch hier hilft ein Baumdiagramm. Entscheide von Stelle zu Stelle, welche Ziffer du noch wählen kannst.

| 2 | 4 | 7 | 7 |

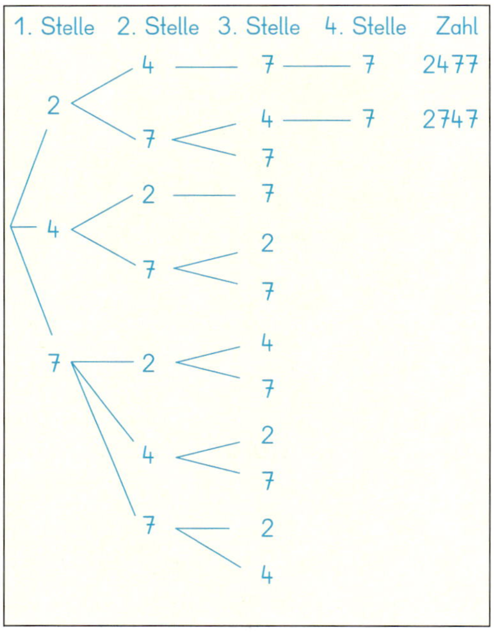

4 Schreibe alle möglichen vierstelligen Geheimzahlen mit diesen Ziffern auf.

a) | 1 | 5 | 5 | 8 |

b) | 3 | 3 | 7 | 7 |

c) | 4 | 8 | 8 | 8 |

5 Für Geheimzahl-Detektive. Einige Ziffern stehen schon an der richtigen Stelle. Welche Ziffern können noch vorkommen? Welche Kombinationen sind möglich? Schreibe alle möglichen Geheimzahlen auf.

a) | 6 | | | 0 |

Die Summe der vier Ziffern ist 10.

Es gibt 5 Möglichkeiten.

b) | 7 | | | |

Die Summe der vier Ziffern ist 10. Keine Ziffer kommt doppelt vor.

Es gibt 6 Möglichkeiten.

c) | 8 | | | 0 |

Alle Ziffern sind gerade. Keine Ziffer kommt doppelt vor.

Es gibt 6 Möglichkeiten.

Laufmaschine

Die Geschichte des Fahrrads beginnt mit der so genannten Laufmaschine. Sie wurde von Karl von Drais im Jahr 1817 erfunden. Sie wird nach dem Erfinder auch „Draisine" genannt. Gebaut wurde sie fast ganz aus Holz.

Hochrad

Die Größe des Vorderrads bestimmt die Geschwindigkeit. Deshalb wurden Hochräder mit ganz großen Vorderrädern und kleinen Hinterrädern gebaut. Der Sattel war ungefähr auf der Höhe eures Kopfes. 1891 fuhr ein Brite in einer Stunde 38,17 km.

Fahrrad mit Motor

1869 hatten zwei Brüder aus Frankreich eine Idee: Um Kraft zu sparen, bauten sie an das Fahrrad mit Pedalen noch einen Motor an. Dafür brauchten sie Benzin. Es wurde in einem Kanister am Fahrrad mitgenommen.

Laufrad

Mit einem Laufrad üben heute viele Kinder, bevor sie ein Fahrrad bekommen. Die Idee stammt von Rolf Mertens. Sein Sohn wünschte sich ein Fahrrad. Er war aber noch zu klein. Deshalb baute ihm sein Vater 1997 ein Laufrad aus Holz.

Liegerad

1973 bauten Studenten in Amerika die ersten Liegeräder. Auf ihnen sitzt man nach hinten gelehnt wie in einem Sessel. So gibt es weniger Windwiderstand. 2011 wurden auf einem Liegerad 91,55 km in einer Stunde zurückgelegt.

E-Bike

Heute gibt es Fahrräder mit Elektromotor. Sie haben einen Akku, den man einfach über eine Steckdose aufladen kann. Der Akku macht das Fahrrad schwer. Ein E-Bike kann bis zu 28 Kilogramm wiegen.

1 Habt ihr auch auf einem Laufrad geübt? Was konntet ihr dabei lernen?

2 a) Wann wurde die Draisine erfunden? Woher hat sie diesen Namen?
b) Wie viel Jahre später wurde das erste Laufrad für Kinder gebaut?

3 a) Wie hoch war der Sattel bei einem Hochrad etwa?
b) Die größten Hochräder hatten Reifen mit einem Durchmesser von etwa 60 Zoll. Ein Zoll sind 2,5 cm. Wie groß war der Durchmesser der Reifen in Zentimeter?

4 a) Vor wie viel Jahren wurde das erste Liegerad gebaut?
b) Vor wie viel Jahren wurde das erste Fahrrad mit Motor gebaut?

5 Vergleicht die Stundenrekorde von Hochrad und Liegerad. Wie viel Kilometer schaffte das Liegerad mehr in einer Stunde?

6 Kann das stimmen?

a) Ihr schafft in einer Stunde doppelt so viel Kilometer wie der Brite 1891.

b) Die Reifen der Hochräder waren doppelt so groß wie die Reifen eurer Räder.

c) E-Bikes sind zehnmal so schwer wie eure Räder.

Nach dieser Seite empfiehlt sich Diagnosetest D15.

Mehr aus der Welt der Zahlen

1 Rechne mit Klammern.

Klammern immer zuerst!

5 · (6 + 3) = 45 (12 + 9) : 3 = 7
5 · 9 = 45 21 : 3 = 7

Rechne wie im Beispiel. Kannst du die Zwischenschritte im Kopf rechnen?

a) 4 · (2 + 8) b) 9 · (6 – 2) c) (31 + 5) : 4 d) (40 – 5) : 7

2 Rechne im Kopf oder schreibe wie im Beispiel.

a) 7 · (3 + 5) b) 8 · (6 – 2) c) 32 : (3 + 5) d) 36 : (9 – 3)
(7 + 3) · 5 (8 – 6) · 2 (32 + 3) : 5 (36 – 9) : 3

4 4 6 7 9 32 36 50 56

3 a) (20 – 7) – 3 b) (75 – 30) – 7 c) (58 – 20) + 6 d) (42 + 30) – 15
20 – (7 – 3) 75 – (30 – 7) 58 – (20 + 6) 42 + (30 – 15)

10 16 28 32 38 44 52 57 57

4 Setze Klammern so, dass die Aufgaben richtig gelöst sind.

a) 50 : 5 + 5 = 5 b) 12 + 4 · 3 = 48 c) 20 – 5 · 3 = 45 d) 36 – 6 : 2 = 15
50 + 5 : 5 = 11 12 · 4 + 3 = 84 20 · 5 – 4 = 20 36 : 6 – 2 = 9

5 Berechne erst die Klammern, dann Punktrechnung vor Strichrechnung.

a) 5 + 7 · (6 + 3) b) 56 – 6 · (5 + 3) c) 60 + 20 : (8 – 4) d) 60 – 30 : (6 – 1)
6 + 4 · (4 + 6) 64 – 4 · (3 + 7) 35 + 35 : (7 – 2) 45 – 36 : (9 – 3)

8 14 24 39 42 46 54 65 68

6 Bildet mit den drei Zahlen acht Aufgaben.
Ihr dürft addieren, subtrahieren, multiplizieren, dividieren und ihr dürft Klammern setzen.
Alle Ergebnisse sollen verschieden sein.

6 4 8

6 + 4 + 8 =
(6 + 4) · 8 =
6 + 8 : 4 =
(8 + 4) : 6 =

7 Bildet mit den drei Zahlen zu jeder Ereigniskarte drei Aufgaben.
Ihr dürft addieren, subtrahieren, multiplizieren, dividieren und Klammern setzen.

A Das Ergebnis ist gerade.
B Das Ergebnis ist ungerade.
C Das Ergebnis ist kleiner als 10.
D Das Ergebnis ist größer als 40.

a) 7 8 4 b) 9 6 3

8 Nehmt die Ereigniskarten aus Aufgabe 7 und die Zahlen 8 0 2.
Bildet immer drei Aufgaben.
Zu welchen Ereigniskarten gibt es keine Aufgaben? Begründet.

1. Spalte	2. Spalte	3. Spalte	4. Spalte	5. Spalte	6. Spalte
1	2	3	4	5	6
7	8	9	10	11	12
13	14	15	16	17	18
19	20	21	22	23	24
25	26	27	28	29	30
31	32	33	34	35	36
37	38	39	40	41	42
43	44	45	46	47	48
49	50	51	52	53	54
55	56	57	58	59	60
61	62	63	64	65	66
67	68	69	70	71	72
73	74	75	76	77	78
79	80	81	82	83	84
85	86	87	88	89	90
91	92	93	94	95	96
97	98	99	100	101	102
103	104	105	106	107	108
109	110	111	112	113	114
115	116	117	118	119	120

1 Was fällt euch in der Zahlenliste auf?

a) Ein Schritt nach rechts bedeutet ...

b) Ein Schritt nach unten bedeutet ...

c) Die geraden Zahlen stehen ...

d) Die ungeraden Zahlen stehen ...

e) In der 6. Spalte stehen die ...

f) Findet ihr weitere Eigenschaften?

Wir suchen die Einmaleins-Reihen in der Zahlenliste.

2 Betrachtet die Vielfachen von 3.

a) Kreist die Zahl 3 blau ein.
Dann streicht die Vielfachen von 3 blau durch.

b) In welchen Spalten stehen die blau durchgestrichenen Zahlen? Wodurch unterscheiden sich die Zahlen in diesen Spalten?

3 Betrachtet die Vielfachen von 2.

a) Kreist die Zahl 2 rot ein.
Dann streicht die Vielfachen von 2 rot durch.

b) In welchen Spalten stehen die rot durchgestrichenen Zahlen?

c) Welche Zahlen sind rot und blau durchgestrichen?

4 a) Leo entdeckt: „Die Zahl 4 und ihre Vielfachen sind schon durchgestrichen.“
Sarah meint: „Das muss auch so sein.“ Warum?

b) Findet ihr weitere Zahlen kleiner als 10, für die gilt:
„Die Zahl __ und ihre Vielfachen sind schon durchgestrichen.“

5 a) Kreist die Zahl 5 grün ein. Dann streicht die Vielfachen von 5 grün durch.
Welches Muster erkennt ihr?

b) Kreist die Zahl 7 braun ein. Dann streicht die Vielfachen von 7 braun durch.
Welches Muster erkennt ihr?

6 a) Lina entdeckt: „Die Zahl 10 und ihre Vielfachen sind schon durchgestrichen.“
Mats meint: „Das muss auch so sein.“ Warum?

b) Findet ihr weitere Zahlen größer als 10, für die gilt:
„Die Zahl __ und ihre Vielfachen sind schon durchgestrichen.“

7 Betrachtet die Zahlen größer als 3, die nicht durchgestrichen sind.

a) In welchen Spalten liegen sie?

b) Schreibt aus jeder dieser Spalten fünf Zahlen auf.

Die Zahlen 2, 3, 5, 7 und die Zahlen aus Aufgabe 7 heißen Primzahlen.

Primzahlen sind größer als 1. Sie sind nicht Vielfache einer kleineren Primzahl.

Kopiervorlage auf DVD Digitale Lehrermaterialien 4 oder als kostenloser Download

1

Das sind LIXLIX-Zahlen.	Das sind keine LIXLIX-Zahlen.
231 231, 705 705, 662 662, 282 282, 170 170	123 456, 83 830, 262 263, 471 174

LIXLIX-Zahlen
- wie du sie bildest
- wie du damit eine Zahl errätst

a) Welche Zahlen sind LIXLIX-Zahlen?

269 269 47 770 701 107 361 361 505 550 303 303 987 876 888 888

b) Bilde aus den Ziffern 3, 5 und 7 sechs LIXLIX-Zahlen.

c) Wie viele LIXLIX-Zahlen kannst du aus zwei Einsen und einer Acht bilden?

2 a) Wähle eine ZAHL zwischen 100 und 500.
Multipliziere die ZAHL mit 91.
Multipliziere das Ergebnis mit 22.
Du erhältst eine LIXLIX-Zahl.

b) Diese LIXLIX-Zahlen sind die Ergebnisse.
Welche ZAHLEN wurden gewählt? Rechne wie in Aufgabe 2a).

648 648 810 810 340 340 434 434 550 550 374 374

3 Spielt zu zweit, immer abwechselnd. Ein Kind wählt eine ZAHL und rechnet wie in Aufgabe 2a). Dann zeigt es das Ergebnis. Das andere Kind rät die ZAHL.

4 a) Wähle eine ZAHL zwischen 10 und 90.
Ihre Quersumme soll kleiner als 10 sein.
Multipliziere die ZAHL mit 143.
Multipliziere das Ergebnis mit 77.

b) Das sind die Ergebnisse.
Welche ZAHLEN wurden gewählt?
Rechne wie in Aufgabe 4a).

253 253 594 594 781 781 462 462 220 220 484 484

c) Schau dir die Ergebnisse genau an. Was fällt dir auf?
Die zweite Ziffer ist immer so groß wie ....

d) Hier hat Zahline Ziffern im Ergebnis unleserlich gemacht. Findest du sie wieder?
Gib auch die ZAHL an.

3■■■■4 28■■■■ 1■■■7■ ■9■■■3 ■3■■■0 ■5■5■■

5 Wähle eine ZAHL zwischen 100 und 1 000.
Multipliziere die ZAHL mit 7.
Multipliziere das Ergebnis mit 11.
Multipliziere das Ergebnis mit 13.
Was stellst du fest? Begründe.

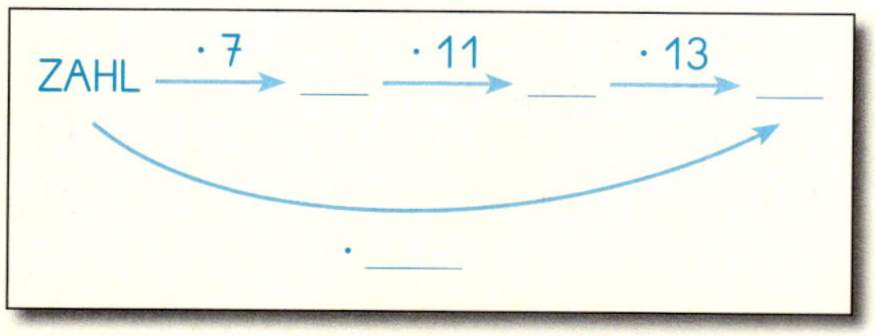

Kopiervorlage auf DVD Digitale Lehrermaterialien 4 oder als kostenloser Download

Vor langer Zeit herrschte in Indien König Shihram.
Er war kein guter Herrscher. Sein Volk litt große Not.
Aber es war gefährlich, den König auf seine Fehler aufmerksam zu machen.
Da lehrte der Weise Sissa den König das Schachspiel, in dem die wichtigste Figur, der König, ohne die Hilfe der anderen Figuren und Bauern nichts ausrichten kann.
Dem König gefiel das Spiel so sehr, dass er zum Dank Sissa versprach:
„Du darfst dir wünschen, was du willst." Sissa sagte: „Ich wünsche mir Reiskörner für die Armen. Auf das erste Feld des Schachbretts soll ein Korn kommen, auf das zweite doppelt so viele, also zwei, auf das dritte wieder doppelt so viele, also vier, und so weiter bis zum letzten der 64 Felder."
Der König lächelte. „Du hättest dir ruhig etwas mehr wünschen können."
Er befahl dem Rechenmeister auszurechnen, wie viele Körner Sissa bekommen werde.
Als er sich am nächsten Tag erkundigte, traf er einen ganz verzweifelten Rechenmeister.
Der König tobte: „Das kann doch nicht so schwer sein: 63-mal verdoppeln und 64 Zahlen addieren." „Gewiss nicht", antwortete der Rechenmeister, „aber so viele Reiskörner gibt es in diesem Jahr auf der ganzen Welt nicht!" Da lächelte der Weise Sissa.

1 Wie viele Körner liegen auf den Feldern? Lege eine Tabelle an.
Bis zu welchem Feld kannst du rechnen?

Feld	Körner
1	1
2	2
3	4
4	8
5	16
6	32
7	64
8	128

2 Wie viele Körner sind es zusammen?
Tina benutzt einen Trick. Erkläre.
Wie viele Körner sind es zusammen
a) nach dem 7. Feld,
b) nach dem 10. Feld?

3 Nach welchem Feld sind es zusammen zum ersten Mal mehr als 1 Million Körner?

4 Ihr kennt die Zahlen bis 1 Million. Es gibt noch viel größere Zahlen.
Könnt ihr diese Zahlen lesen?
So viele Reiskörner zusammen liegen auf dem Schachbrett
a) nach dem 24. Feld, b) nach dem 40. Feld, c) auf dem ganzen Schachbrett.

	Trilliarden			Trillionen			Billiarden			Billionen			Milliarden			Millionen			Tausend			H	Z	E
a)																	1	6	7	7	7	2	1	5
b)												1	0	9	9	5	1	1	6	2	7	7	7	5
c)					1	8	4	4	6	7	4	4	0	7	3	7	0	9	5	5	1	6	1	5

5 Fermi-Aufgabe: Für wie viele Felder des Schachbretts reicht eine Jahresernte?

Reis ist das wichtigste Nahrungsmittel in Asien. In Indien werden im Jahr etwa 160 000 000 Tonnen Reis geerntet, auf der ganzen Welt etwa 750 000 000 Tonnen.

Tipp 1
Schätzt und messt: Wie viele Reiskörner wiegen 10 g?

Tipp 2
Rechnet: Wie viele Reiskörner wiegen 1 t? Rundet auf Zehnmillionen.

Tipp 3
Wie viele Felder brauchst du für eine Tonne Reis?

5 Fermi-Aufgabe: Offene Sachsituation. Kinder sammeln Daten, gehen eigene Lösungswege und können zu individuellen Ergebnissen kommen.

Von 1 bis 1 Million

E	Z	H	T
Eins	Zehn	Hundert	Tausend
1	10	100	1 000

ZT Zehntausend 10 000

HT Hunderttausend 100 000

M Million 1 000 000

1 M = 10 HT = 100 ZT = 1 000 T = 10 000 H = 100 000 Z = 1 000 000 E
1 HT = 10 ZT = 100 T = 1 000 H = 10 000 Z = 100 000 E
1 ZT = 10 T = 100 H = 1 000 Z = 10 000 E

Stellentafel

42 307 ist eine fünfstellige Zahl.

M	HT	ZT	T	H	Z	E
		4	2	3	0	7

Die Zahl 42 307 hat die Ziffern 4, 2, 3, 0 und 7.

zweiundvierzigtausenddreihundertsieben

4 ZT + 2 T + 3 H + 7 E = 40 000 + 2 000 + 300 + 7 = 42 307

Zahlenstrahl

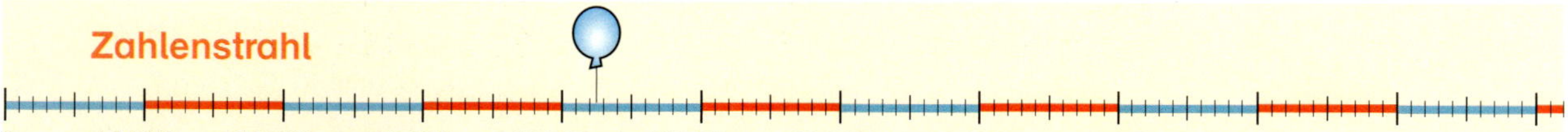

Vorgänger	Zahl	Nachfolger
42 306	42 307	42 308

Nachbartausender	Zahl	Nachbartausender
42 000	42 307	43 000

Runden

42 307 ≈ 42 000
ungefähr

Rundungsregel

Beim Runden auf Zehntausender achte auf die Tausender.
Bei 0, 1, 2, 3, 4 abrunden. Bei 5, 6, 7, 8, 9 aufrunden.

Addieren
Addiere 40 und 2070.
40 + 2070 = 2110
Die Summe ist 2110.

... mit Zahlenblick
42017 + 600 = 42617
42017 + 60 = 42077
42017 + 999 = 43016

... in Schritten
20700 + 930 = 21630

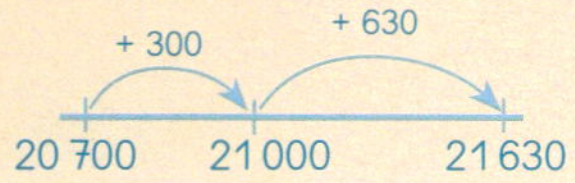

Subtrahieren
Subtrahiere 40 von 2070.
2070 − 40 = 2030
Die Differenz ist 2030.

... mit Zahlenblick
42980 − 600 = 42380
42980 − 60 = 42920
42980 − 999 = 41981

... in Schritten
60700 − 5300 = 55400

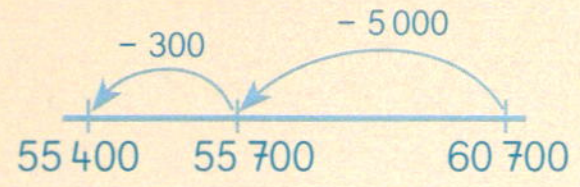

Multiplizieren
Multipliziere 4 und 600.
4 · 600 = 2400
Das Produkt ist 2400.
Das Vierfache von 600 ist 2400.

... mit Einern
4 · 60000 = 240000
... mit vielen Nullen
40 · 6000 = 240000

Mit dem Einmaleins fang an.
Dann hänge alle Nullen an.

... mit Zahlenblick
4 · 6005 = 24020
40 · 6005 = 240200
40 · 5999 = 239960

40 · 6000,
dann 40 · 1 weniger

Alle Zahlen der 7er-Reihe, auch über 70 hinaus, heißen Vielfache von 7.
Vielfache von 7 sind 7, 14, 21, ... , 70, 77, 84, ...

Dividieren
Dividiere 2000 durch 4.
2000 : 4 = 500
Der Quotient ist 500.
Der vierte Teil von 2000 ist 500.

... mit Einern
2000 : 4 = 500
... mit vielen Nullen
20000 : 400 = 50

Mit dem Einmaleins fang an.
Dann schaue dir die Nullen an.

... mit Zahlenblick
2008 : 4 = 502
2080 : 4 = 520

Dividieren mit Rest
2010 : 4 = 502 Rest 2
2010 : 40 = 50 Rest 10

Zahlen, durch die man 24 ohne Rest teilen kann, heißen Teiler von 24.
24 hat acht Teiler: 1, 2, 3, 4, 6, 8, 12, 24

Punktrechnung vor Strichrechnung

Multiplizieren ·	Addieren +	5 + 6 · 3 = 23	15 − 9 : 3 = 12
Dividieren :	Subtrahieren −	5 + 18 = 23	15 − 3 = 12

Klammern immer zuerst!

(5 + 6) · 3 = 33
11 · 3 = 33

(15 − 9) : 3 = 2
6 : 3 = 2

Schriftliche Rechenverfahren

Addieren
```
  187
+ 245
  1 1
  432
```

Subtrahieren
```
   10 10
  5 7 4
− 1 8 7
  1 1
  3 8 7
```
oder
```
  4  16
  5̸ 7̸ 14
− 1 8 7
  3 8 7
```

Multiplizieren
```
706 · 57
 35300
  4942
  1 1
 40242
```

Dividieren
```
440 : 3 = 146 Rest 2
3
14
12
 20
 18
  2
```

Wortspeicher und Bausteine des Wissens

Körper

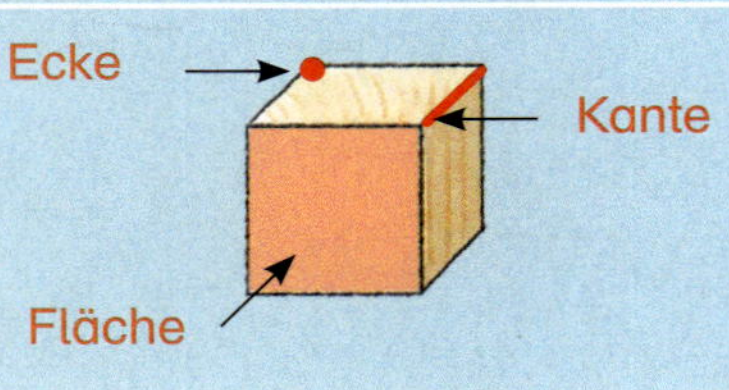

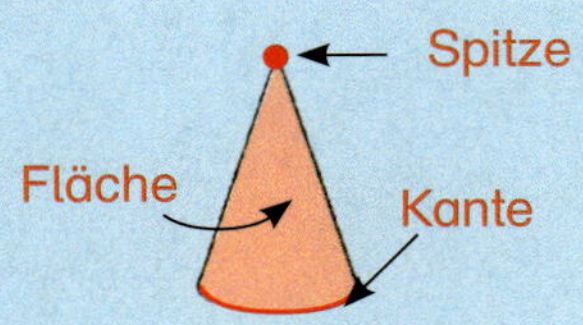

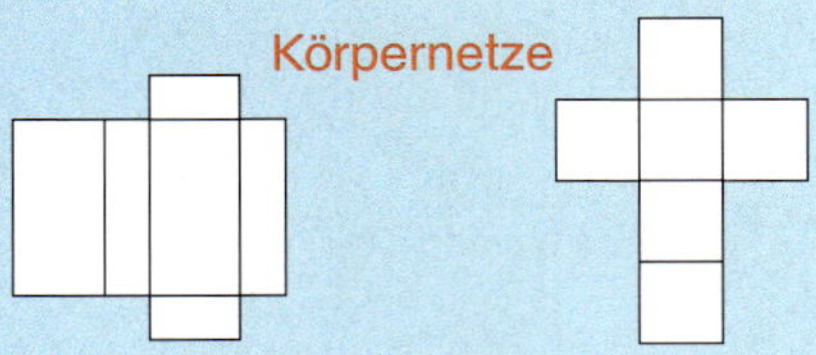

Ebene Figuren

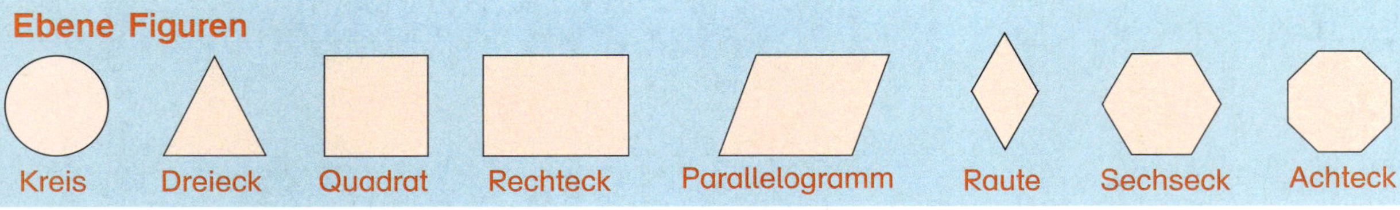

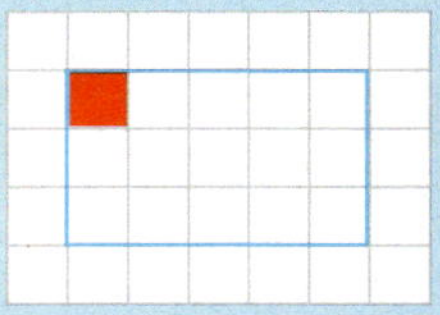

Flächeninhalt

■ 1 m² $3 \cdot 5$ m² = 15 m²

Das Rechteck hat einen Flächeninhalt von 15 m².

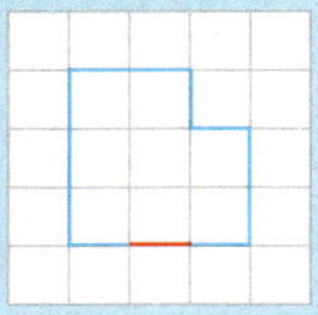

Umfang:

einmal um die Fläche herum

— 1 m

Diese Fläche hat einen Umfang von 12 m.

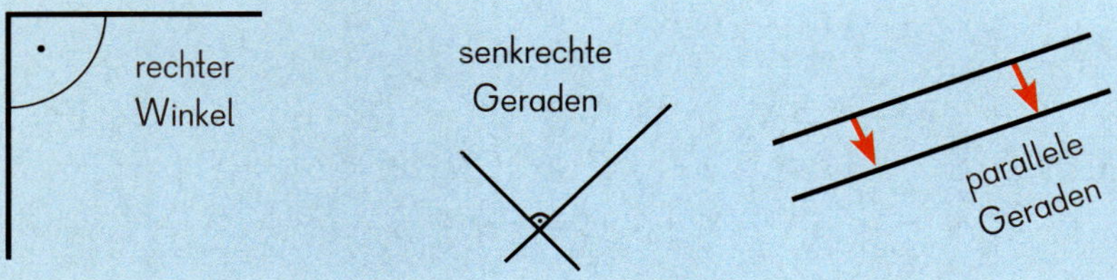

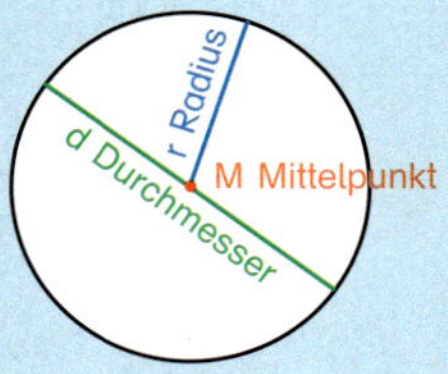

Länge

3,05 m = 3 m 5 cm = 305 cm

Kilometer	Meter		
km	100 m	10 m	1 m
3	2	5	7

3,257 km = 3 km 257 m = 3 257 m

Kilometer	Meter	Zentimeter	Millimeter
1 km = 1 000 m	1 m = 100 cm	1 cm = 10 mm	
$\frac{1}{2}$ km = 500 m	$\frac{1}{2}$ m = 50 cm	$\frac{1}{2}$ cm = 5 mm	

Meter	Zentimeter	
m	10 cm	1 cm
3	2	5

3,25 m = 3 m 25 cm = 325 cm

Zentimeter	Millimeter
cm	mm
3	2

3,2 cm = 3 cm 2 mm = 32 mm

Gewicht

3,5 kg = 3 kg 500 g = 3 500 g

Kilogramm	Gramm		
kg	100 g	10 g	1 g
3	2	5	7

3,257 kg = 3 kg 257 g = 3 257 g

Tonne	Kilogramm	Gramm
1 t = 1 000 kg		1 kg = 1 000 g
$\frac{1}{2}$ t = 500 kg		$\frac{1}{2}$ kg = 500 g

Flüssigkeit wird in Liter und Milliliter gemessen.

1 Liter = 1 000 Milliliter

1 l = 1 000 ml $\frac{1}{2}$ l = 500 ml $\frac{1}{4}$ l = 250 ml $\frac{1}{8}$ l = 125 ml

Liter	Milliliter		
l	100 ml	10 ml	1 ml
1	2	5	0

1,250 l = 1 l 250 ml = 1 250 ml

Zeit

Viertel vor 8

7.45 Uhr

19.45 Uhr

Stunde	Minute	Sekunde
1 h = 60 min	1 min = 60 s	100 s =
$\frac{1}{2}$ h = 30 min	$\frac{1}{2}$ min = 30 s	1 min 40 s